東京電機大学 編

大学生活を始めるときに読む本 2024

東京電機大学 新入生ガイドブック

東京電機大学出版局

社会の中のデザイナー (Designers in Society)

東京電機大学 学術顧問
吉川 弘之

100 年間で科学技術の大変革が起こり，近年の情報技術は急速な進化を遂げています。現在，私たちは豊富な科学的知識を持っています。人類は科学の恩恵の下で豊かさを増し，安全を獲得してきました。しかし，今の社会にはさまざまな問題があります。国際関係の緊張，地域紛争の激化，貧富の差の拡大，地球環境問題，自然災害，科学技術の副作用などです。これらの問題解決を望む社会的な期待が高まっています。

こうした課題は 1970 年代から議論され，1999 年の世界科学会議で，科学者の研究は平和や開発，社会のためであるべきと宣言されました。これを受け国連で「ミレニアム開発目標」（2000 年）が，さらに 2030 年を目標にした持続可能な開発目標（SDGs）が策定されました。

科学はこれまで自然現象をはじめさまざまな「対象」を理解できるようにしてきました。自然科学は宇宙や生命を，人文科学は言語や心理を，社会科学は社会現象を解明の対象として急速に理解を進めてきました。さらに科学的知識は行動の根拠を与えてくれました。人類は科学の発展とともに行動の様式が変わり，行動範囲も広がっていきました。

産業革命は自然科学に支えられた工学技術の発生と同時並行であり，その後の機械化，自動化を経て現在の情報化社会を生み出しています。農業を支える農学は多様な科学的知識の統合により豊かさを増大させる主役でした。医療・製薬は20世紀に始まる分子生物学に基礎をおく生命科学の急速な発展によって革命的に飛躍し，人の健康に大きな恩恵をもたらしました。人文社会科学においても，法学，言語学，文化人類学，社会学，経済学などが文化，法律，政治，経済，通商，国際関係などの政策を中心とする社会的，さらに個人的行動に広範に寄与しています。科学は私たちの理解および行動に大きな貢献をしてきたと言えます。

しかし，ここで１つの疑問が生じます。今日，人類は多くの科学的知識を使って人工衛星の打ち上げに成功し，有人衛星で宇宙飛行士が何か月も暮らし，その人たちのために食糧を届けることができます。しかし，紛争地帯で飢餓に苦しむ人たちに食糧を届けることはできないのです。

これはなぜでしょうか。私たちが実現可能と考える行動を実際に実現できるか否かは，科学だけでは説明できない場合があり，私たちが望むことを実現するための行動は，科学的知識だけでは厳密に計画できないのです。その理由は，実現可能な行動は知性だけでなく，感性をも含む世界で行われるからなのです。知性による思索能力を拡大するものとして体系的な科学的知識があり，それは増加中です。しかし，感性による行動能力のための体系的知識はまだ確立されていないのです。

この新しい体系的知識を，「デザイン学」と呼びます。これからの社会は，科学的知識を超えた多くの創造的なデザインという仕事が人々を待っており，デザイナーの役割が大きなものとなるでしょう。そしてそのデザイナーとは独自の思索の骨格を持ち，人々に語りかける言葉を持つ，社会の中のデザイナー（Designers in Society）であるべきなのです。

*『サイエンス探究シリーズ 偉人たちの挑戦』「巻頭言」
（東京電機大学編，東京電機大学出版局，2022）より転載。

吉川 弘之（よしかわ・ひろゆき）

東京大学総長，放送大学長，産業技術総合研究所理事長，科学技術振興機構研究開発戦略センター長を経て現在，東京電機大学学術顧問，東京／大阪国際工科専門職大学学長，日本学士院会員。東京大学名誉教授，日本学術振興会学術最高顧問，産業技術総合研究所最高顧問。この間，日本学術会議会長，日本学術振興会会長，国際科学会議（ICSU）会長，国際生産加工アカデミー（CIRP）会長などを務める。

工学博士。一般設計学，構成の一般理論を研究。それに基づく設計教育，国際産学協同研究（IMS）を実施。主な著書に，『一般デザイン学』（岩波書店，2020年），『吉川弘之対談集　科学と社会の対話』（丸善出版，2017年），『本格研究』（東京大学出版会，2009年），『科学者の新しい役割』（岩波書店，2002年）など。

新入生の皆さんへ

東京電機大学 学長
射場本 忠彦

ようこそ東京電機大学に

皆さん，ご入学おめでとうございます。小・中・高校と勉学に励んで，晴れて東京電機大学の学生になられた皆さんを，心から歓迎します。

新型コロナウイルスによる授業等への影響があったとしても，皆さんが「本学に入学して良かった」「本学で学べて良かった」「本学を卒業して良かった」そして「本学の卒業生であることはいつも誇りだ」と思う（える）ことを，東京電機大学学長としてお約束します。この本は，皆さんがそのような東京電機大学生になるように編集されたガイドブックです。ぜひ読んで大学生活をスタートさせてください。

好奇心を持とう——私の自己紹介

私は鹿児島県鹿児島市で生まれ，小学5年生まで過ごしました。6年生のときに父の転勤で北海道札幌市に引っ越しました。珍しさも手伝って，雪のある季節は学校が終わると毎日スキー場に通うほど熱中しました。

しかし，中学生になるとき親の方針で東京の中学・高校に進学しました。私は好奇心が強かったので，親元を離れる寂しさよりも東京に行ける嬉しさに満ち溢れていました。ただ，朝5時半起床・夜10時就寝，冬も暖房なしといった厳しい6年間の寮生活が待っていました。

厳しさの反面，衣食住のすべてを体得しながら“生活の知恵”を身につける，多事多端で楽しい団体生活でした。

学校はクラスの半分が地方出身者でしたので，友人たちの実家をお互いに行き来しました。中学3年生のときには実家がある札幌まで，友人たちの実家を足がかりに，一人でヒッチハイクして帰省しました。当時は寝台列車の切符がなかなか取れなかったのです。今思うと中学生でよくもまあと，怖いもの知らずの行動にゾーッとします。かく言うまでもなく，勉強とは無縁のまま多感な時期は過ぎ去りました。

私はなぜ大学，大学院に進学したか

高校を卒業したのち，両親の希望もあり再び札幌に戻され北海道大学に入学しました。当時，「公害」や「環境」が大きな社会問題でした。水や空気を基本に科学する衛生工学科が京大と北大に作られていましたので，地球・都市・建築を対象とする“空気コース”で建築の熱環境を専攻しました。

その後，大学院では再び上京し，東京大学工学系研究科建築学専門課程の修士課程と博士課程で学びました。単純に，「同じ釜の飯を食った旧い仲間たちが多い東京で過ごそう」が最大の理由です。何とイージーな人生の選択だったのでしょうか。

多くの人と知り合おう

前述のような，やや希な人生体験もあってか私は人と出会って話をすることをとても重要に思っています。共に食事をしたり，議論したり，社会人になればお酒を飲みながら話すことは，いわば人生の肥やしとすら考えています。本学の教職員の方々，卒業生，私が以前勤めていた東京電力株式会社の仲間をはじめ，多くの企業の重責を担う方々とも交流を深めています。そうしたなかからネットや本では得られない新しい刺激を受け，さまざまなアイデアが浮かび，また人の心に接することができるのです。

皆さんは子どものころからスマートフォンがあったと思います。最近はネット上での付き合いが増え，人とあまり接触せず，お互いに干渉しない風潮も出てきています。

しかし卒業後に皆さんが社会に出たとき，そのような姿勢では壁にぶつかることがあるかもしれません。私は皆さんに，積極的に人に出会って，直接会話し，相手の“一挙手一投足”を見て人生の可能性に気がついてほしいのです。人は他人と関わることで成長できるのです。

「考え，判断し，行動できる人」を目指そう

さて，初代学長の丹羽保次郎先生の言葉，「技術は人なり」は本学の教育・研究理念です。いずれの技術を見たときにも，それを作った「人」が透けて見えるのです。ですから「人格」（その人の努力が作り出すパーソナリティ），「品格」（学び舎などの育った環境），「風格」（醸し出す人生経験の為す技）を養うことが大切になってきます。

近年は“技術”を作り出す期間がますます短くなってきています。一方，一人の“人”が成長していく期間は非常に長いものです。皆さんが学生や大学院生として本学に在学する期間は，学部で 4 年，博士後期課程まで含

めても9年ほどとわずかな期間です。

その短い期間・時間のなかで私が皆さんに願うのは,「何が正しいか,何をすべきかを,自分で考え,批判し,判断し,失敗を恐れず行動できる人」になってほしいということです。そうした人が,人の心を理解し,社会に貢献できる確かな眼力を持った企業人・研究者・技術者になっていけると考えるからです。

●●● 本書を活用してください

私は皆さんが,高校までの与えられた問題を解く受験生から,自分で課題を発見し自主的に学ぶ大学生に変化していくことを願っています。

大学は知の最先端,社会に出る前の貴重な学びの機会です。大学という新しい環境に早く慣れてください。

今日,ネットで検索すれば多くの知識が得られます。各種のビッグデータに支えられた人工知能(AI)や,IoT(Internet of Things:モノのインターネット)技術の伸張は,好むと好まざるに関わらず進んでいきます。ただ,忘れてならないのは,AIは「知能」部分のデータを蓄積することはできても「意識」部分のデータ化はできない,つまり「方向性を決める」あるいは「責任を取る」ことなどは,人間にしかできないのです。

言い換えれば,人間たる皆さんにはできます。皆さんはさまざまな可能性を秘めた「ダイヤモンドの原石」です。そしてそれを磨くのは,あなた自身なのです。広い「知識」を尋ね,正しい「意識」を磨いてください。

目次

第 1 章

ようこそ東京電機大学へ！

本章では，皆さんがこれから東京電機大学で，
社会で活躍する技術者として成長するために重要なこと，
そして未来に広がる最新技術についてまとめました。

1 東京電機大学の使命

東京電機大学は皆さんを歓迎します

東京電機大学は，建学の精神「実学尊重」，教育・研究理念「技術は人なり」を引き継ぎ，皆さんを社会に貢献する技術者へと導くことを使命としています。

本学の教職員は皆さんの貴重な時間を，東京電機大学で共に過ごせることを嬉しく思います。同時に，皆さんに立派な技術者として成長してもらうために，どのようなことができるのかを日々考え続けています。皆さんと共に，この変化の激しい時代に，社会へ貢献できる人材を輩出できる大学へと成長していきます。

1907年，2人の若き技術者が夢見た未来

1907（明治40）年，日本の科学技術は未成熟であり，東洋の発展途上国にすぎませんでした。科学技術や最新の機械は，西洋からの輸入に頼っており，それらを使いこなせる技術者はほとんどいない状況でした。

そのような当時の日本で，産業界で活躍していた2人の若き実業家（廣田精一先生と扇本眞吉先生）は将来，日本は科学技術先進国として世界をリードする時代が来ると信じていました。そこで，科学技術を学ぼうとする者に対し広く門戸を開き，最新の電気・機械を第一線で

扱える技術者の養成が急務であると考え，東京神田の地に「電機学校」を設立しました*。

＊詳細は第５章を参照。

 建学の精神「実学尊重」

電機学校の設立にあたり，２人は技術を通して社会貢献できる人材の育成が重要だと考えました。そこで，実験や実習を重視する「実学尊重」を建学の精神として掲げました。「実学尊重」は，教員，学生たちによって脈々と受け継がれ，今日の東京電機大学の特徴的なカリキュラム編成に至っています。

★実学尊重

そして，実験や実習を十分に身につけた本学の卒業生は，その技術力を産業界から高く評価され，現在も幅広い分野で活躍しています。東京電機大学の高い就職率を支えているひとつの要因は，この「実学尊重」の精神です。

 教育・研究理念「技術は人なり」

東京電機大学の初代学長である丹羽保次郎先生は，技術も文学や美術と同じく，人が根幹をなすものであると説いています。つまり，立派な技術を生み出すには立派な人でなければなりません。この理念が「技術は人なり」です。東京電機大学は，「技術は人なり」を教育・研究理念として掲げ，日本をはじめ世界で活躍する多くの技術者を育成し続けています。

★技術は人なり

2 東京電機大学で学ぶ

卒業時の自分の姿

皆さんは卒業時にどのような人間となりたいか，自分の未来の姿を思い描いていますか？　東京電機大学で学んだことで，もし入学しなかった自分と比べてどのような変化があると予想しますか？

具体的な目標を描けている人もいるかもしれませんが，まだ漠然としていて，不安に思っている人が多いかもしれません。しかし，心配はいりません。東京電機大学には，これまでの長い歴史のなかで，多くの優秀な技術者を輩出してきた実績とノウハウがあります。

学習から学問へ

高等学校までは「学習」が中心でした。学習とは，文字どおり「学び習う」ことです。つまり，知識を教わりそれを吸収する（覚える）ことが重視されていました。もちろん，これまでの学習で身につけた知識や技術は，技術者として活躍するために重要です。なぜなら，前提知識なしには，課題の発見や，新しいアイデアを生み出すことはできないからです

一方，大学で求められる学びは，「学習」から「学問」へと発展します。学問は，自ら学び，そして考える（問う）

ことです。大学では，受け身の姿勢で教わっていた学習を卒業し，能動的に自ら学ぶことが求められます。つまり，大学は教わりたい人のためではなく，学びたい人を対象としているのです。

子どものころの好奇心

子どもは「なぜ？」「どうして？」という言葉が大好きです。皆さんも幼少期には，目に映るモノが不思議でたまらない時期があったはずです。しかし，年齢を重ねるにつれて，不思議や疑問と思う好奇心が段々と減ってしまうものです。

カーネギーメロン大学ロボット研究所の元所長である金出武雄先生の著書に『素人のように考え，玄人として実行する』*という本があります。この本は，子どものような好奇心や興味を大切にすることが，技術者や研究者には必要であると説いています。一見あたりまえに見えることにこそ，実は新たなアイデアやひらめきの種が眠っていることもあるのです。そして，大学ではその種を育むために必要な知識や技術を学ぶことができるのです。

*金出武雄『素人のように考え，玄人として実行する――問題解決のメタ技術』PHP 研究所，2003。

東京電機大学で成長するための条件

東京電機大学は皆さんの技術者としての成長を約束します。そのために必要なことは，学問を修めること，つまり，能動的に自ら学ぶ姿勢です。この原動力は，知的好奇心，つまり素直に物事を面白いと思える感性です。

自分が興味を持てることを学ぶことは，不思議と苦にならないものです。

東京電機大学で，何かひとつ，素直に面白い，興味深いと思えるコトを見つけてください。ひとつ見つかれば，それに関連することも面白くなり，もっと知りたく，学びたくなることでしょう。皆さんが興味を持てるコトに出会えることさえできれば，あとは幅広い学問分野にわたる，多様な教員が全力で応える環境が東京電機大学にはあります。そして，卒業時に皆さんは，社会が求める技術者として成長しているはずです。

2007（平成19）年9月11日に日本武道館で行われた
創立100周年記念式典

3 日々進歩する科学技術

技術の発展

近年の技術発展は目覚ましく，次々と新しい技術が生まれています。皆さんの身近なところでも，スマートフォンやVR（バーチャル・リアリティ），SNSなど，10年前では考えられなかったような製品やサービスが今やあたりまえとなっています。さらに，このような一般消費者向けの製品だけでなく，工場や産業などビジネス用途を対象にした技術も大きく変化しています。たとえば，工場などの生産現場では，機械をインターネットに接続して情報を管理することで，生産効率の向上や生産コストの削減がすでに実現されつつあります。

技術の融合とイノベーション

日進月歩に発展する科学技術ですが，ある日突然新しい技術が発明されることはほとんどありません。新しい技術は，基礎となる技術の課題克服や，新しい機能の追加によって成り立っています。ここで重要なことは，一見関係のなさそうな技術と技術とをつなげることが，新しい価値を生み出す原動力となるということです。このように新たな技術価値の創出や，新たな活用法を見出す行為を一般に「イノベーション」と呼びます。

★イノベーション

東京電機大学で学ぶ分野

東京電機大学の「電機」という言葉は，電気と機械の融合を意味しており，建学当時，先駆的な学問分野でした。そして，当初の工学部から，この精神を引き継ぎ，歴史を刻むなかで，理工学部，未来科学部，システムデザイン工学部へとその学問の範囲は拡がり続けています。現在，東京電機大学は，理工系総合大学として，幅広い分野で活躍できる人材を輩出しています。

イノベーションの例：エコカー

自動車を例に考えてみましょう。自動車の核となる技術はエンジンです。機械工学の専門家は，エンジンの効率をいかに高めるかについて，材料や燃焼について深く研究を続けてきました。機械工学の追究によりエンジンの効率は改善してきました。

ここで，さらなる効率化のため，電子制御技術が加わります。電子工学・制御工学は機械工学とはまた異なる事象を対象とする学問でした。ところが，これらがつながることにより，より精密なエンジンの制御が可能となり，さらなる効率改善が実現しました。

そして近年，環境変化に適応したエンジン制御のためAI（人工知能）技術の導入が行われています。AIは情報分野（ソフトウェア）の学問であり，機械工学，電子工学などのハードウェア技術とは，まったく異なる研究分野でした。しかし，AIを組み合わせることで，さらに効率が向上しているのです。

さらに，近い将来実用化が期待される自動運転では，エンジンだけでなく，安全性や快適性を向上させるため，幅広い学問分野が総動員されています。

このように，異なる学問，専門家が互いにつながることで，イノベーションが生み出されているのです。これからも，世の中の科学技術は，ますますつながり発展していくことでしょう。

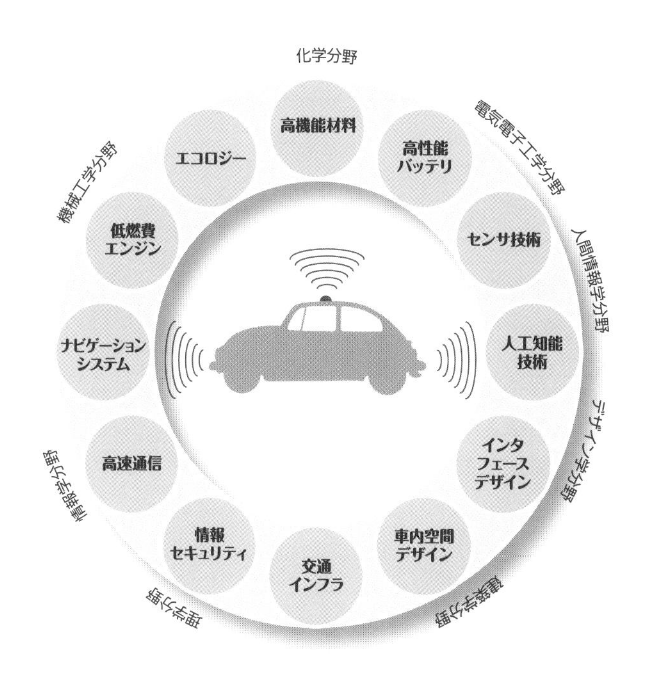

4 技術者として生きるということ

技術者の醍醐味

技術革新は日進月歩といわれています。おそらく，皆さんが東京電機大学を卒業し，社会で活躍しているころには，今では想像もできないような新しい技術があたりまえになっていることでしょう。そして，それらの技術は，多くの技術者の悩みや努力の上に成り立っているのです。

世界で受け入れられ，普及する技術には，条件があります。それは，誰かを幸せにすることです。技術者の醍醐味のひとつは，未来に思いを馳せ，そして誰かの幸せに貢献できることです。東京電機大学は，皆さんを誰かの小さな幸せにつながる技術を生み出せる技術者に育てることを使命と考えます。

皆さんの未来への可能性は無限に拡がっています。東京電機大学で何かひとつ，心から興味を持てるコトに出会ってください。そのひとつを大切にしていれば，それを起点に，興味や学ぶべきことがつながり，拡がり始めます。それと同時に，自分の技術者としての実力が向上していることを実感できるでしょう。

5 知っておくべき科学技術のキーワード

SDGs（エス・ディー・ジーズ）

★ SDGs

★持続可能な開発目標

地球の未来について，世界で共通の目標SDGs（Sustainable Development Goals：持続可能な開発目標）を目指そうという動きがあります。SDGsは，2015年9月の国連サミットで採択されたもので，国連加盟193か国が2016年から2030年の15年間で達成するために掲げた17の大きな目標です。

これらの目標のうち，科学技術に関する目標がいくつか設定されています。たとえば，クリーンなエネルギー（目標7），産業の創出と促進（目標9），安全な都市（目標11）などが掲げられています。

これらを達成するためには，従来の個別の技術を深めるだけではもはや不十分だと言わざるを得ません。これ

SDGs：世界を変えるための17の目標

までにない新しい技術を生み出す「イノベーション」が求められます。そのためには，幅広い技術分野が融合し，現状の課題解決や新たな価値を加えることが不可欠です。

 世界最先端 IT 国家創造宣言

SDGs は世界共通の目標ですが，日本でも独自に科学技術の未来の指針を描いています。2017 年，「世界最先端 IT 国家創造宣言・官民データ活用推進基本計画」が閣議決定されました。これは，わが国の国民ひとりひとりが IT の恩恵を実感できる，世界最高水準の IT 国家となるために必要となる政府の取り組みなどを取りまとめたものです。

★世界最先端 IT 国家創造宣言

地方公共団体の IT 化に加え，後述するビッグデータ，IoT，人工知能の利活用により産業の活性化を目指して国が積極的に支援をすること宣言しています。

 ビッグデータ

ビッグデータとは，文字どおり巨大なデータの解析技術の総称です。ビッグデータが注目される背景として，クラウド技術の発展があります。通常，個人所有の PC のハードディスクの容量には限りがあり，必要に応じて追加購入が必要でした。このため，ディスク容量の限界を考慮して，無駄なデータをできるだけ事前に排除して保存する必要がありました。

★ビッグデータ

★クラウド技術

一方，クラウド技術では，インターネット上の仮想的なハードディスクにデータ量を意識することなく保存す

ることができます。そして，インターネットの通信速度の向上により，高速にそれらのデータにアクセスできます。このように蓄積された膨大なデータを解析することで，従来のデータでは見出せなかった新しい情報やパターンの発見が期待できるのです。この技術は，消費者の購買パターンの解析など，マーケティング分野を中心に大きな注目を集めています。

IoT（アイ・オー・ティー）

イノベーションに必要な技術のつながりの鍵となるキーワードのひとつにIoT（Internet of Things：モノのインターネット）があります。IoTとは，あらゆるモノがインターネットにつながることを意味します。IoTという言葉ができる前は，インターネットは，デスクトップパソコンやノートパソコンなど比較的大きなサイズのコンピュータによる通信が前提とされていました。

★IoT

★モノのインターネット

近年では，スマートフォンのような情報端末，ウェアラブル端末，さらには超小型のセンサなど，あらゆるモノがインターネットに接続できるようになってきています。つまり，さまざまな種類の膨大なセンサ情報を取得することが可能となったのです。上述のビッグデータ・クラウド技術とともに，これらの多くのセンサ情報から新しい傾向が見出され，ビジネスやサービスに新しい価値が創出されつつあります。

2007年にはインターネットに接続されたデバイスの数が，すでに世界の総人口を超えて，今後も爆発的に増加していくことが見込まれています。

人工知能：AI（エー・アイ）

人工知能（AI：Artificial Intelligence）は，1956年に確立した新しい学問分野です。2006年にジェフリー・ヒントン（G. E. Hinton）らにより提案された深層学習（ディープラーニング）の高い学習性能により，産業界でも大きな注目を集めています。

★人工知能
★AI
★深層学習
★ディープラーニング

人工知能の機能は，大きく分けて識別・予測・分類の3つに分けられます。しかし，現状のAI技術は万能ではなく，高い性能を発揮するためには，その用途を限定する必要があります。近年，AIプログラムを設計できるエンジニアが世界的に不足しているといわれ，その人材育成が望まれています。

第４次産業革命

2016年に発表された内閣府「日本再興戦略」のキーワードのひとつに第4次産業革命があります。18世紀の蒸気機関の発明による第1次産業革命，19世紀には石油や電力による第2次産業革命が興りました。そして，20世紀後半のデジタル化が第3次産業革命と一般にいわれています。

★第４次産業革命

第4次産業革命では，さらに，IoTやAIなどを積極的に導入し，これらの技術をつなげることで産業の活性化が期待されています。たとえば，工場の産業機械がインターネットを通じて稼働状況やセンサ情報を共有し，その情報を解析することで，生産性の向上が期待できます。現在，国と企業が一丸となって，第4次産業革命の

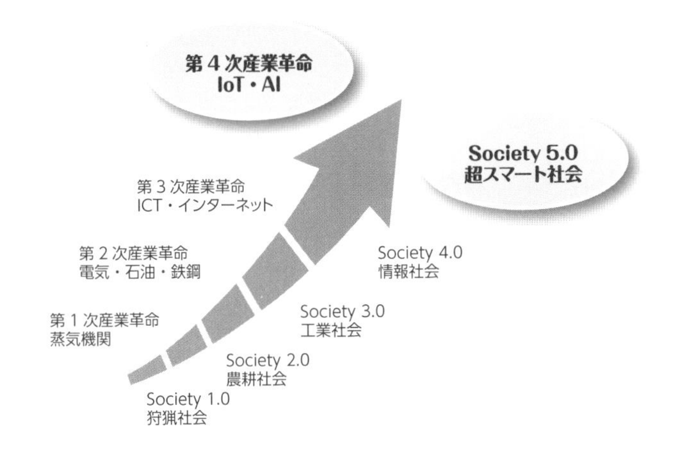

実現を目指した取り組みを進めています。

超スマート社会:Society 5.0（ソサエティ 5.0）

第４次産業革命は主に製造業を対象としていましたが，IoT や AI 技術は人びとの豊かな暮らしへの貢献が期待できます。2016 年内閣府から提案された「第５期科学技術基本計画」にて，Society 5.0（超スマート社会）が定義されました。Society とは，日本語で「社会」という意味です。人類の歴史を振り返ると，「狩猟社会（Society 1.0）」から始まり，「農耕社会（Society 2.0）」，産業革命により「工業社会（Society 3.0）」，そして現在は，コンピュータの普及による「情報社会（Society 4.0）」といえます。

★ Society 5.0

★超スマート社会

その次の社会を世界にさきがけて日本で実現するため，超スマート社会（Society 5.0）では，仮想空間（サイバー空間）と現実空間（フィジカル空間）を高度に融合させたシステムにより，経済発展と社会的課題の解決を両立する，人間中心の社会を目指しています。

 DX（デジタル・トランスフォーメーション）

かつては生演奏やレコード販売だけだった音楽ビジネスは，技術の発展によってCDなどの高音質かつ劣化のないデジタル情報化（「デジタイゼーション」）が主流となりました。その後，インターネット通信速度の高速化やスマートフォンなどのユーザ端末の高度化により，物理的な音楽CDが不要となるダウンロード販売が普及し始めます。このように，ビジネスモデル全体のデジタル化を前提とすることを「デジタライゼーション」と呼びます。

★デジタイゼーション

★デジタライゼーション

さらに近年では，SNSによるプレイリスト共有，サブスクリプション（定額）サービス，好みに応じた選曲など，社会全体で音楽のやり取りのデジタル化が進んでいます。このように，デジタル技術がインターネット上のコミュニケーションを介して社会に浸透することによって，新たな価値やサービスを生み出し始めています。これを「DX（デジタル・トランスフォーメーション）*」と呼び，経済産業省が推進するとともに，多くの企業がその導入に向けて動き始めています。

★ DX（デジタル・トランスフォーメーション）

＊「変換」や「変容」を意味する英語であるトランスフォーメーション（Transformation）は「X」と略される慣習から，Digital TransformationをDTではなく「DX」と略すことが一般的です。

大学ってこんなところ

4月になるといよいよ大学生活が始まります。

- 入学したら何があるの？
- 大学に行ってどのように過ごすの？
- 1年生はどこに行って何をするの？

など最初は戸惑うことばかりでしょう。
入学直後の慌ただしく慣れない環境のなかでも
大学のことがわかるように一緒に見ていきましょう。

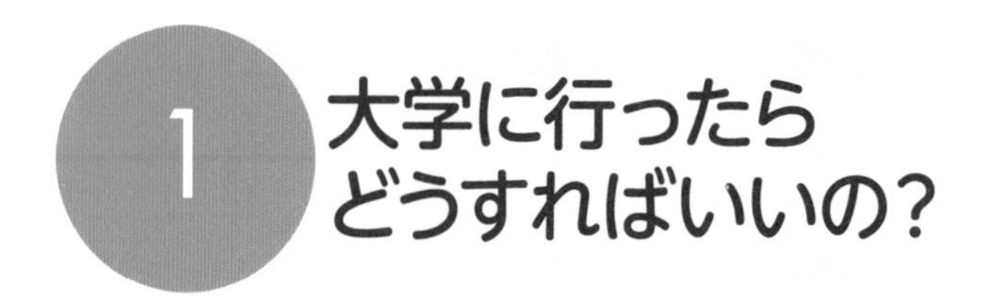

1 大学に行ったらどうすればいいの？

入学式に参加

東京電機大学では４月２日に入学式を行います（東京千住キャンパスの学生は入学式に先立って４月１日よりオリエンテーションを実施します)。大学生活はここから始まります。入学式はこれから４年間一緒に学ぶ仲間と出会う機会です。隣り合う人たちはこれから大学生活を共にする仲間です。自分から「こんにちは」と挨拶してみましょう。

新入生オリエンテーション

入学式では，学長からの式辞があり，新入生の宣誓や記念演奏があります。当日は皆さんの入学式後の予定も紹介します。入場時にお知らせする内容には，入学式後のオリエンテーションや健康診断の予定も含まれていますので，あわせて確認しましょう。自分の学科／学系の予定と一緒に確認して，指定された場所に集合しましょう。

★オリエンテーション

オリエンテーションの種類

オリエンテーションは入学した学部ごとや学科／学系

ごとに開催しています。学部ごとのオリエンテーションは，時間割，履修登録の方法，大学の施設の使い方，キャンパス案内などをお知らせする場です。学科／学系ごとのオリエンテーションでは，授業内容の説明，実験室の使い方などをわかりやすく説明します。

 皆さんへのお知らせ方法

高校まではクラスがあり，ホームルームでは先生からいろいろな連絡事項や配布物があったと思います。しかし大学ではクラス制にはなっていません。ではどのように連絡事項を知ることができるのでしょうか？　大学では「掲示」や「電子メール」によって皆さんに連絡をしています。

 掲示って何？

東京電機大学では，学生ポータルサイト「DENDAI-UNIPA」*上で皆さんへの連絡事項を「掲示」しています。たとえば，授業の教室変更，イベントのお知らせや台風接近時の休講情報などです。DENDAI-UNIPA はPCやスマートフォンからログインできますので，どこからでも連絡事項を確認できます。連絡事項は随時更新されていきますので，毎日確認する習慣を身につけましょう。「掲示」を見ていなかったために「提出物を忘れた」「教室が変わっていて迷子になった」など皆さんに不利益が発生することもありますので，くれぐれも注意してください。

＊DENDAI-UNIPA：履修登録・時間割確認・シラバス閲覧・掲示確認・成績照会など，さまざまな機能を使用することができるシステム。

＊学習管理システム WebClass については，36ページを参照。

2 カリキュラムと履修登録

履修登録って何？

オリエンテーションでも紹介されますが，大学では高校までと違い自分で履修計画*を立て，受ける授業を決めて登録します。これを「履修登録」*といいます。履修登録を忘れると，その年の半期の授業に出席できないケースがあります。また，授業に出席できずに進級や卒業ができなくなる場合もありますので，注意しましょう。

*履修計画：4年間の学修について，進級や卒業の条件などを満たせるように履修科目を計画すること。

*履修登録：前期には前期科目・通年科目など，後期には後期科目などを「DENDAI-UNIPA」に自ら登録すること。

履修登録は決められた期間に行う

大学では学期始めに履修登録期間を設定しています。皆さんはその期間にPCやスマートフォンから履修登録を行います。履修登録を忘れるということは，この期間に自分で履修登録をしていないという意味です。

何の科目を履修すればいいの？

実際に登録する科目については，オリエンテーションで説明があります。1年生の前期では数学科目，英語科目や教養科目などの履修が中心です。もちろん学科／学系によっては，それぞれのカリキュラムの基礎科目や実験科目も履修します。

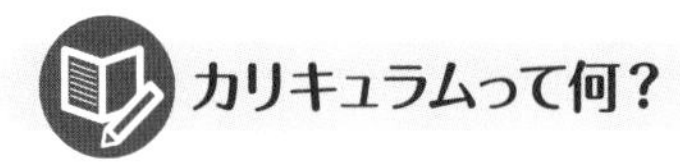

カリキュラムって何？

大学生活ではいたるところで「カリキュラム」という言葉が飛び交っています。カリキュラムとは皆さんが入学した学部，学科／学系で決められている教育内容のことで，卒業までに学ぶ授業科目や進級条件・卒業条件が含まれています。電気や機械のカリキュラム，建築のカリキュラムなど学部，学科／学系ごとに違っています。自分の学ぶ授業科目については，オリエンテーションで配布される「学生要覧」に「科目配当表」「カリキュラムマップ」としてまとめられています。

★カリキュラム

共通教育	人間科学 英語 工学基礎
専門教育	専門
教職	

カリキュラム例

★学生要覧

★科目配当表

カリキュラムに沿った履修

カリキュラムは，1年生で履修する科目，2年生で履修する科目といったように，履修できる学年を設定しています。おおまかにいうと，基礎科目，応用科目，発展科目のように，学年に沿って順序立てた科目配置になっています。まずは基礎科目である1年生の科目から履修していきましょう。

カリキュラムに記載されている科目

カリキュラムの科目配当表には卒業までに学ぶ授業科目を記載していますが，よく見てみるとそれぞれの科目にもいろいろと細かい設定があります。たとえば「英語科目 1年次前期 選択 1単位」「数学科目 1年次前期 必修 4単位」などです。

単位って何？

★単位

単位という言葉は高校でも使われていましたので聞いたことはあると思います。大学でも同様に皆さんの学び，つまりは学習時間の積み重ねを表したものです。

単位は大学では高校のときよりも身近になり，4 年間常に意識して生活することになります。というのも卒業までに 124 単位から 128 単位*を修得する必要があるからです。

*修得単位：学部によって異なります。

1単位での学修時間は？

★学修時間

単位は学習時間の積み重ねといいましたが，1 単位を修得するための必要な学修時間が決められています。大学では，教室で受ける授業時間と，授業時間外の学習（授業前学習（予習）と授業後学習（復習））をセットにして「学修時間」としています。1 単位には 45 時間の学修が必要です。つまり教室で受ける授業とあわせて，教室以外での学習（授業前・授業後学習）もセットにして 45 時間の学修が基準となります。ほとんどの科目は半期で 2 単位ですから，1 科目あたり半期で 90 時間，1 週あたり 6 時間から 7 時間（授業と授業時間外）が学修の目安となります。詳しくは「学生要覧」に記載していますので，参考にしましょう。

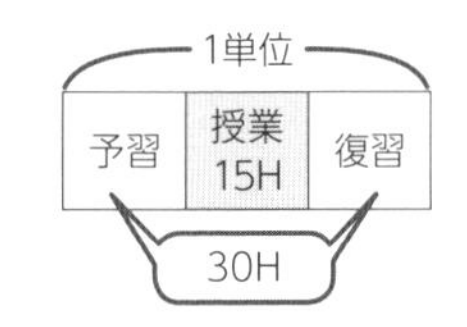

進級条件・卒業条件に必要な単位数

卒業までにはいくつかのチェックポイントがあります。それが進級条件*です。学部によって進級条件が設定されている学年や単位数に違いはありますが，進級に必要な単位数を修得することが条件のひとつになっています。

*進級条件：その他の条件として，「期日までに学費を納入していること」「同一学年に12ヶ月以上在学すること」「学年終了時に修得単位数の合計が○○単位以上」などがあります。

いくつかのチェックポイントをクリアし4年生に進級すると次は卒業条件*があり，卒業条件を満たすことで卒業となります。進級・卒業条件は学生要覧に詳細を記載していますので，必ず確認しましょう。

*卒業条件：「卒業に必要な単位数を修得していること」「必修科目の単位をすべて修得していること」「4年以上（8年以内）在籍していること」「期日までに学費の全額を納入していること」「卒業判定時に休学していないこと」などがあります。

履修できる単位数には上限がある

進級条件，卒業条件を満たすようにしよう，単位をできるだけ早く修得しようと思われたことでしょう。しかし，履修できる単位数には制限があります。学部によって異なりますが，半期で22単位などのように制限しています。これは，先ほど説明した1単位での学修時間を考慮して設定されています。ですから進級条件や卒業条件を満たすために「1年間で60単位を取るぞ！」ということはできません。ただし，優秀な成績の場合には上限を超過して履修することもできます。

★履修単位

自分の単位の修得状況については定期的に確認をし，あとで慌てることのないようにしてください。

シラバスって何？

★シラバス

★ DENDAI-UNIPA

大学では授業科目ごとにシラバス（講義要目）を公開しています。本学ではDENDAI-UNIPAで見ることができます。シラバスには，その授業を担当する先生が，授業の目的，達成目標，授業計画，成績の評価方法，授業で使う教科書や参考書などを記載しています。シラバスを読んでどのような授業なのか，達成する目標はどのようなものなのか，成績評価は筆記試験かレポートかなどの情報を入手して，学習の助けにしましょう。

ほかにもシラバスには担当する先生の連絡先やオフィスアワー*も示されています。先生を訪問したり質問する場合には，オフィスアワーを確認してからにしましょう。

*オフィスアワー：先生が研究室などで，質問や相談に応じる時間。

必修科目・選択科目・自由科目って何？

★必修科目

★選択科目

科目には単位数のほかに必修科目・選択科目・自由科目といった区分を設けています。必修科目は，卒業するために必ず単位を取る科目です。たとえ卒業条件のひとつでもある124単位を修得しても，必修科目を1つでも修得していなければ卒業できません。選択科目は，いくつかある科目の中から選択して履修し，単位を修得する科目です。

必修科目は1年次から4年次までそれぞれ配置されていますので，まずは必修科目を履修し修得することが重要です。それとあわせて，自分の興味のある分野の選択科目を進級条件・卒業条件も参考にしながら修得するようにしてください。

自由科目は主に教職課程などで指定されている科目です。

★自由科目

時間割とコマ

大学でも高校までの学習のように，何曜日の何時限目といった時間割を決めています。大学では高校と違い，1時限を100分*の枠で授業を行います。この1時限100分の枠を「コマ」と呼んでいます。1時限であれば1コマ，1時限と2時限連続であれば2コマ連続となります。科目によっては1週あたり3コマが配置されている場合もあります。

★時間割

★コマ

*工学部第二部は1時限を90分の枠で行います。

実際に履修登録をする

前期や後期の開始にあわせ，履修登録期間を設けています。履修登録はその指定された期間内にDENDAI-UNIPAで自ら行います。なお，科目によってはDENDAI-UNIPAではなく，事務部の窓口で登録する科目もあります。詳しいことは，オリエンテーション，シラバスや学生向けの掲示で発表しますので，掲示を確認する癖をつけましょう。

★履修登録

★ DENDAI-UNIPA

3 授業と成績

授業の種類

大学の授業には次のような形式があります。

- 講義：先生が教壇に立ち授業を行う。　★講義
- 演習：授業で学んだ事柄を実践したり，問題を解いたりする。　★演習
- 実験・実習：実際に体験したり，仮説や課題を検証するため調査や実験をしたりする。　★実験・実習

また，東京電機大学はものづくり教育を特色としていますので，ワークショップという自分の手でものづくりを実践する授業もあります。

★ワークショップ

アクティブ・ラーニング(AL)

皆さんも高校までにアクティブ・ラーニング（AL）* という言葉を聞いたことや実際に取り組んだことがあると思います。もちろん大学でもAL型の授業が開講されています。代表的なものですと，皆さん同士の意見を交換するグループ・ディスカッション，その意見をとりまとめて発表するグループ・プレゼンテーションなどがあります。ディスカッションとプレゼンテーションは卒業後の進路先でも求められます。この機会に体験し，将来のために備えておきましょう。

*アクティブ・ラーニング：先生からの一方的な講義に終始せず，学生を参加させたり，興味を促したりする工夫。ディスカッション，グループワーク，授業中のリアクションペーパーや小レポートなど，さまざまな方法を活用します。

★グループ・ディスカッション

★グループ・プレゼンテーション

レポートの提出

★レポート

大学生といえばレポート作成というイメージがありますが，実際にレポートが課される授業は多くあります。レポートにはそれぞれ提出期限が設けられ，授業の種類（講義や実験）ごとに提出する場所が異なっています。履修状況によっては，１週間のうちに複数のレポート提出日が重なることはめずらしくありません。レポートは決められた提出時間を少しでも過ぎると受領されませんので，くれぐれも提出期限は守るようにしましょう。

授業アンケート

★授業アンケート

東京電機大学では学生による授業アンケートを実施しています。授業アンケートは，前期末(7月)，後期末(12月～１月）に DENDAI-UNIPA 上で回答します。

皆さんの回答結果を，回答した個人が特定できないよう集計し，科目担当の先生に結果を戻すことで，授業をより良くしていく取り組みです。

試験はいつごろ?

最終授業が行われる時期，前期は７月，後期は 12 月から１月に，多くの科目で試験が行われます。授業中に試験を行う科目や，期末レポートの提出が試験となる科目もあります。試験は科目ごとに注意事項や持ち込み可否が異なりますので，しっかりと確認して臨みましょう。シラバスの成績評価欄も忘れず見ておきましょう。

★試験

★成績評価

成績はどのように発表されるの？

試験がすべて終了すると成績が発表されます。高校までのように通知表ではなく，指定された期間にDENDAI-UNIPA上で発表します。

東京電機大学では成績を「S，A，B，C，D，－」で発表します。このうちS, A, B, Cまでが合格(単位修得)，Dが不合格（単位未修得）となります。「－」は授業を履修したが途中で放棄した科目になります。

GPAって？

大学での成績評価では，オールSやオールAといった言い方はあまりしません。大学では「GPA」*という指標を用います。たとえば，オールSの場合はGPA4.0，オールAの場合はGPA3.0というかたちで表現します*。詳しくは「学生要覧」で解説していますので，一度目を通しておいてください。

＊GPA：Grade Point Average

＊GPAの数値：一例でいうと東京電機大学大学院への学内推薦の基準や履修単位数の上限超過判定に使われています。

必修科目が不合格だった

★再履修

不合格（単位未修得）科目が必修科目だった場合，再履修が必要になります。必修科目の単位修得は卒業条件となるため，必ず再履修をしましょう。たとえば，前期だけで開講する科目を1年次に不合格となった場合は，2年次以降に再履修することになります。

進級発表・卒業発表

★進級発表

★卒業発表

後期の成績発表と同時に，対象の学年においては，進級発表･卒業発表が行われます。双方の条件については，前にもお話ししましたが，「学生要覧」で必ず確認するようにしましょう。

研究室への配属

★卒業研究

4年生になると「卒業研究」に取り掛かります。この卒業研究を履修し進めるにあたっては，先生方の研究室に所属することになります。つまり，その先生の研究室の一員となり研究を行います。研究室には修士課程の学生や博士課程の学生も所属しています。先生や先輩・後輩と協力して研究を進めていきましょう。

卒業研究のテーマは研究室（先生）ごとに異なりますので，事前に自分の興味のある分野やテーマについて考えておきましょう。だいたい3年生の後期に研究室の説明会が開かれ，3年生のうちに所属先の研究室を決めることになります。

卒業研究発表会

★卒業研究発表会

4年生の12月から1月にかけて学科／学系にて卒業研究発表会が開かれます。発表会では自分の卒業研究を同じ学科／学系の学生，先生の前で発表します。

4 大学院へ進学する

大学を卒業したあとの道

大学卒業＝就職と考えている方も多いと思います。実際でも卒業後は多くの人が就職しています。しかし，東京電機大学は理工系の総合大学ですので，大学院に進学する人も多くいます*。研究室への配属でも触れましたが，大学院の修士課程，博士課程がそれにあたります。

*大学院については，58ページ，119ページも参照。

大学院ってどんなところ?

学部での4年間の学習・研究をさらに深めていきたいと思った方は，大学院の修士課程に進学することも選択肢のひとつです。修士課程は2年間のカリキュラムで構成されています。授業も学部のときと異なり通常の講義*を受けるというよりは，調査研究活動（リサーチワーク）が主体となります。

★修士課程

*通常の講義：コースワークと呼んでいます。

修士課程においても研究室に所属することになります。卒業研究で所属した研究室を希望する場合や，ほかのテーマに移動する場合もありますが，調査研究活動においては，研究室の先生の指導の下，グループ・ディスカッションやプレゼンテーションを中心に活動していきます。

大学院	博士3年
	修士2年
大学	学士4年

学会への参加

修士課程になると学会への参加もあります。学会とは，同じ分野の研究を目的とした，その分野の研究者がつくる学術団体のことです。大学院生になると研究テーマの中心となる学会に学生会員として入会することになるでしょう。

★学会

学会では同じ分野の研究者と交流し，最新の情報を得たり意見交換を行うことで，自分の研究を発展させることができます。学会の大会に参加して発表を聞くだけでも勉強になります。また，学会は研究成果を発表する場でもあります。

博士課程

修士課程の修了後に博士課程に進学する機会もあります。博士課程は3年間のカリキュラムで構成されています。博士課程では授業を受けるというよりも自らの研究をさらに深めていくことになります。よくテレビなどで紹介される「○○博士」というのは，この博士課程を修了し博士の学位を取得した人になります。

★博士課程

5 大学生として生活することについて

大学生という時期

皆さんが過ごす大学生という時期は，人生という大きな流れでみるといろいろなものを身につける時期です。この大学生という時期を過ぎると，仕事をしている自分や家庭人としての自分などのように，自らが社会的な役割を務めたり，周囲からも社会的な役割を求められる時期になります。

学生は勉強が第一っていわれてきたけど

学生の時期に勉強することは重要です。もちろん生涯学習という考え方からは，学生時代ではなくても勉強はできます。とはいえ卒業後は仕事や家庭など他者との関わりを優先することが多くなり，学びに回せる時間も少なくなっていきます。

そのような状況となることを経験として知っている人たちは皆さんに「学生のうちに勉強しなさい」と助言しているのではないでしょうか？

大学の環境と施設・設備

東京電機大学に限らず大学は「学生のうちに勉強」「こ

の時期に行うこと」をサポートするための環境と施設が整っています。特に本学は「技術で社会に貢献する人材の育成」を使命としており，カリキュラム体系や実験施設・設備を用意して，皆さんの知識取得，学習経験の機会提供を行っています。

また，大学にはさまざまな考え方やいろいろな視点を持つ人たちがいます。大学生活のなかでその人たちから受ける刺激も皆さんに影響を与えることになります。たとえば「A さんに聞いたから」「B 先生から紹介された」など先生や仲間を介して，自分自身の人生の選択肢が広がっていく環境でもあります。

大学ってこんなところ！

大学という環境では，仲間や教職員とのやり取りを繰り返すなかで自らの興味や価値観を形づくり，自身の行動につなげることを学びます*。自ら選択し行動できるかどうかは，大学生活で訪れる「さまざまな機会」において，成功したか失敗したかはともかく「自分がどのような考えを持って取り組んだか」の積み重ねです。大学は多くの事柄に挑戦し，挑戦した数だけの失敗が許される環境であり，その機会は多く訪れます。

＊43 ページ「大学生活を充実させよう」や，84 ページ「課外活動に参加しよう！」も参照。

卒業後の進路選択や職業選択などの自分自身の人生選択を迎えたとき，東京電機大学で過ごした環境や学習，課題に対してどのようにアプローチしてきたかという経験が自分の選択に大きく影響することになります。皆さんにとって必ず訪れる「その時」をイメージして，意識的に大学生活を過ごしましょう。

6 新型コロナウイルス下での大学生活

 新型コロナウイルスと大学

2020年1月から感染拡大が始まった新型コロナウイルスにより，多くの大学で授業はオンラインとなりました。本学でも，講義はオンライン，実験・実習科目の一部や研究活動は感染防止策をとり対面で実施，学生アンケートでは“オンライン授業に十分満足している”という結果が出て，新しい環境でも授業が十分できることが証明されました。

一方，「中高は通常授業をしているのに，なぜ大学はできないの？」と思う人もいるでしょう。中高生は教室や席が決まっていますが，大学にはクラスがなく，学生に決まった教室や席がないため，履修した科目（人によって違います）によって教室を移動して授業を受けます。席もほぼ自由ですので，中高のように“学級閉鎖”ができません。また教室も100人以上の場合もあり，もし感染が発生したらクラスターや“キャンパス閉鎖”にもなりかねず，対面授業には慎重にならざるを得ないという事情があるのです。

新型コロナウイルス感染症は，2023年5月から感染症法上の位置づけが5類感染症となりましたが，今後も流行状況に気をつけていく必要があります。

本学の基本姿勢と対応方針

本学では，建学の精神である「実学尊重」，ならびに教育・研究理念である「技術は人なり」にて明示しているように，「技術で社会に貢献する人材」となるべく，皆さんに「技術者として十分なスキルを身に付け社会に送り出す」という使命があります。

2020年度以降は，分散登校や対面授業とオンライン授業を併用したハイブリッド形式で実施し，本学の特色でもある実験・実習科目は対面授業で実施することができました。2021年度後期の途中からは，地域の感染状況の改善を踏まえ，全員登校で授業を実施してきました。

いずれの場合でも登校に際しては，新型コロナウイルス感染症拡大防止への対応を図ることで，本学に係わるすべての方の安全に配慮し運営しています。

コロナ下での授業について

新型コロナウイルス感染症拡大防止のため，2020年度以来，本学での授業は，前述のとおり対面授業とオンライン授業を併用するハイブリッド形式のひとつであるハイフレックス形式*を導入しました。現在でもその特徴を生かして，一部科目のオンライン授業が行われています。オンライン授業では，すでに皆さんも経験があると思いますが，自分のPC（やタブレット端末）で授業を受けることになります。そのため，これらの機器と併せて，自宅などにおけるネット環境の整備が必要になります。

＊ハイフレックス形式：学生が同じ内容の授業をオンラインでも対面でも受講できる形式。本学では学籍番号の末尾の数字を奇数，偶数でグループ分けし，「第1週は奇数が対面，偶数はオンライン，第2週は逆，第3週は第1週と同じ」として，授業を実施しました。

たとえば，あるオンライン授業は，時間割どおりに開講される講義をライブで視聴する方法で受講します。ライブ授業ではグループワークを行うこともあります。また，たとえば，1年生の前期に受講する「東京電機大学で学ぶ」という授業では，遠隔会議システムを活用して，オンライン上での意見交換や共同作業を経験するように構成されています。なお，この授業では，大学の歴史や特徴，卒業生の紹介をはじめ，本学で学ぶ意義を理解し，キャンパスライフを有意義に送るための心構えを学びます。ぜひ楽しみにしてください。

授業で課される課題やレポートの提出も主にオンライン学習管理システム（WebClass*）で行います。提出場所や提出期限も授業ごとに決められていますので，期限は厳守しましょう。特に電子データで提出する場合は，間違ったデータや違う授業のデータを提出しないよう注意が必要です。

＊WebClass：本学で使用している，授業に必要な資料の提示・配布，テストの実行と採点，レポートの提出などの機能がある学習管理システム。

試験は，ほぼ対面形式に戻りつつありますが，今後の感染状況などによりオンライン上で実施する場合もあります。オンライン上での実施例として，WebClass上で出題と回答を行う方式などがあります。その場合，オンラインで本人と身分証明書を確認し，自分のスマートフォン等で回答しているWebClassの画面と手元が映るようにするなどの不正行為対策も行っています。

皆さんが入学する4月以降の授業でもオンライン授業と対面授業の併用を行わざるを得ない状況も予想されます。その場合でも，本学の「学生に技術者として十分なスキルを身に付けて社会に送り出す使命」，「対面による学生同士や学生と教職員の間の人的な交流機会の確保」

を念頭に，十分な感染症対策を実施したうえで，安心・安全な受講環境を提供していきます。

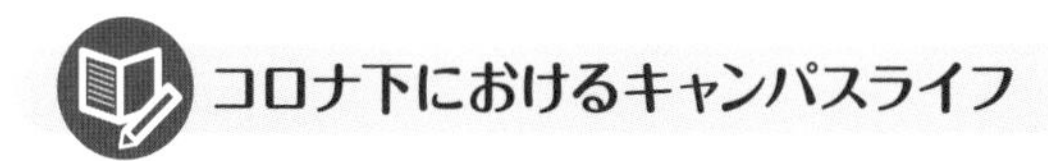

コロナ下におけるキャンパスライフ

新型コロナウイルスの影響下では，登校できる際でも体温計測や手洗い・手指消毒，3密を避けるなどのルールの遵守が欠かせません。本学 Web ページでその都度，情報を掲載していますので，必ず確認して守るようにしてください。

また，クラブやサークル活動を楽しみにしている人も多いでしょう。先輩たちも皆さんを心待ちにしています。環境が許せばぜひ参加してください。各団体の紹介は Web ページを参照してください。なお，2022 年度以降は新型コロナウイルス感染予防に十分配慮したうえで，東京千住と埼玉鳩山キャンパスともに，対面形式で学園祭が盛大に開催され大変好評でした。

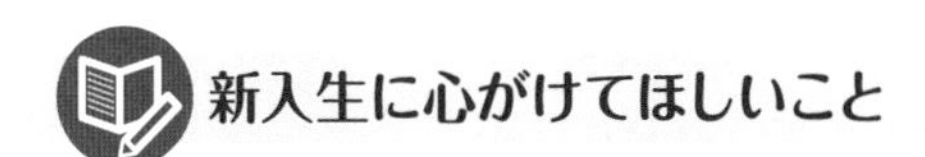

新入生に心がけてほしいこと

2024 年 1 月現在，4 月からの授業は全員登校を予定しています。しかし，新型コロナウイルスの感染拡大がいつ発生するかは予測がつきません。

2020 年 1 月には未知だったこの感染症は，今日での知見から感染経路は，せき，くしゃみ，会話や接触感染などと想定され，「必要な場面でのマスク着用」「手洗い」「三密の回避」「換気」など基本的な感染防止策の徹底で十分効果があることがわかっています。さらにワクチン接種により重症化の回避や発症予防の効果があることもわかっています。

キャンパスライフは集団生活の場です。ひとりひとりが感染防止に取り組んで，あなたはもちろん新入生全員が明るく楽しい，有意義なキャンパスライフを送ってほしいと思います。

前向きに新生活を送ろう

新型コロナウイルスの感染拡大に社会が騒然としていた2020年度は，4月から登校できない日が続き「大学に入学した気がしない」などの声が聞かれました。しかしアンケート調査では，約65%が「授業内容を理解できた」と回答があり，また「満足」の回答も約42%に上りました。良かった点として，「通学がない」「リラックスして受講できる」「講義録で復習しやすい」などが挙げられ，出席率も例年より上昇，授業外での学習時間も増えるという結果でした。

本学は1907（明治40）年の創立から110年を超える歴史をもち，多くの卒業生が社会で活躍し，理工系大学の伝統校としての高い評価を得ています。コロナ下では，卒業生はじめ多くの方から学生支援のご寄付もいただいています。どんな時代にあっても学生のために最高の教育を目指すことが本学の姿勢です。新しい環境で不安もあると思いますが，全教職員が皆さんを応援していきます。安心して学業に励んでください。

第3章

「電大生(でんだい)」として“ここから一歩”を踏み出そう

あなたの将来はあなたが決めるものです。
あなたが行動しなければ，何も始まりません。
さあ，何かを…始めてみましょう！

1 これからの大学生活にむけて

エンジニアとしての新たな一歩！

入学したあなたは未来への一歩を選択しました。「実学尊重」の建学精神，「技術は人なり」の教育・研究理念のもと，社会に貢献できる人間性豊かな技術者となるべくしっかりと学んでいきましょう。

《4 年後に後悔しないように…》

本学の《強み》を知りましょう！

社会で活躍する東京電機大学卒業生は約 23 万人。

産業界からも高い評価を受けており「就職に強い大学」として信頼を得ています。技術力の高さ，高度な実学，意欲的な研究姿勢，誠実で真面目な人柄などが企業から高い評価をいただいている由縁です。技術立国の一端を担う大学として，専門性を身につけた本学の学生を求める企業はあとを絶ちません。身につけた知識はあなたの将来に必ず役立つ力となります。

《修得した専門知識は裏切らない…》

夢を持ちましょう！

夢がない，やりたいこともない，つまらない…という方もいるかもしれません。これからの大学生活で何かしら見つけましょう。チャンスはいくらでもあります。でも見つけようという前向きな気持ちがないと見つかりません。意外にも素敵なことが周りに転がっていますよ。

《とにかく行動してみましょう》

今までとこれからの違い

これから皆さんは，「学生」と呼ばれるようになります。「生徒」と呼ばれた中学・高校のときは，授業を受ける立場であり集団生活が基本でした。学生は学業を修める立場に変わります。一定の知識を得るための授業から，専門知識を修めるための講義へと性質が変わります。これからは，自分の学科／学系を考え，計画的に授業を履修し，その内容を「修めていく」ことが求められます。

自分の選択・行動に責任を持つ

登校時間，服装や髪型は「自由」です。授業を履修する・しないも自由に選択していきます。たとえば，授業に出席しなかったから，試験を受けなかったからといっても誰も怒りません。そのかわり，単位が修得できない，進級・進学ができないことになっても，それは誰のせいでもありません。すべて自分のせいです。いわゆる「自己責任」となります。きちんと自己管理をしていきましょう。

大学生になって高校生との違いは

高校生と大学生の大きな違いは，社会との関わりです。高校生は「青少年」として扱われますが，大学生は「大人」として扱われます。また責任の所在も，高校生は親や教師が肩代わりしてくれていましたが，大学生はあくまでも自己責任になります。少し表現を変えますと，皆さんには「自由に選択する権利」があります。ただ，気をつけなければならないのは，その「権利」は，学生として果たすべき義務があるからこそそこに成立するということです。

	高校生	大学生
学生生活	●与えられた時間割 ●先生が引率するイベント ●制服，カバン，靴，髪型，持ち物指定	●時間割は自作する ●イベントなどを自主的に計画・運営できる ●課外活動は制限なし ●制服なし・髪型自由 ●校則は明文化されていない・常識の範囲での行動 ●他学年・他世代との活発な交流
学習	●一定の知識を身につけることが目的 ●授業をする先生の選択不可 ●授業を受ける仲間は基本的に同い年	●専門知識の吸収 ●ゼミ・講義などで，履修科目選択が可能 ●意欲に応える講義の幅広さ ●自ら「学び」学習する環境 ●他学年と一緒に学ぶ
社会との関わり	●「青少年」として扱われる ●責任の所在（親・教師が肩代わり） ●アルバイトの制限（時間・場所）	●「大人」として扱われる ●行動は自己責任 ●アルバイトに割ける時間の拡大

2 大学生活を充実させよう

コミュニケーションをはかろう

大学は，全国から学生が集まるところです。年齢の異なる人が同級生になることも間々あります。大学のガイダンスや授業，サークルや部活動，また学外での活動等々に積極的に参加し，自ら声をかけていきましょう。大学時代には将来にわたって交流を持つ友人を作ることが可能です。授業で，学食で，通学途中で。たまたま隣の席に座ったからなんとなく話しをしてみた。きっかけは何でもかまいません。自分から声をかける，挨拶をすることが友人を増やすことにつながり，これからの大学生活を充実させることにつながっていきます。

行動範囲を広げよう

大学生になると行動範囲も広がります。大学の授業だけでなく，課外活動（部活やサークル，同好会）やアルバイト，またボランティア活動や長期の休みを使っての旅行，また留学等々，いろいろなものに取り組める時間があります。今まで以上にいろいろなことに取り組んでみてください。学生だからこそできることは無限にあります。その経験は，今後のあなたにとってかけがえのない財産になり，同時にあなたの「人間としての幅」を広げることにつながります。

なにごとに対しても「一生懸命」になること

多くの経験は大切ですが，あまり多くのことに手をだしすぎて中途半端になってしまうことは考えものです。それよりも，なにか1つないし2つくらいで「継続できること」を見つけましょう。継続することで成長できるもの，見えてくるものも多くあります。

継続することの大切さ

この先，就職活動において，企業が学生を見る際「学生時代に頑張ったことは何ですか？」と聞いてきます。また履歴書にもその質問があります。この質問では，取り組んだことそのもの以外に，その経験から何を学び得たのか，その学び得たことを将来の仕事においてどう活かそうとしているのかという点を冷静に見ています。やはり「継続は力なり」です。諦めない姿勢が大切です。

覚えておこう

東京電機大学の教育・研究理念として「技術は人なり」があります。ファックスの生みの親で日本の十大発明家に数えられる，初代学長・丹羽保次郎先生の言葉です。

「学生生活は先生の講義を聞くだけではダメ。先生の体験や意見を聞いてそれをじかに吸収し，人間形成に役立てねばならぬ」とおっしゃっています。

3 計画的な単位取得と自分磨き

 4年間のスケジュールを意識しておこう

大学生でいる期間は通常4年です。大学での授業は前期・後期に分かれていて，半期のもの，通年のものがあり，必修科目，選択科目，自由科目といった違いがあります。また，各学期末には試験があります。さらに進級するには各種条件を満たす必要があります（学部・学科／学系によって異なります)。また，卒業するために必ず修得しなければならない単位数があります。これらの進級・卒業条件を満たさないと進級・卒業できません。1年次から先のことを考え，計画的に単位を修得していきましょう。

4年間のステップ ▶▶▶

1年生 自己発見	2年生 自分磨き	3年生 将来を見据える	4年生 自己実現へ
充実した学生生活を送る	社会を知り，自分について考える	将来の希望や目標をハッキリさせる	専門知識を深め，社会へ出る準備をする
●基礎科目に取り組み，興味を深める ●コミュニケーション能力の向上 ●目標を立て，将来に向けた学生生活を設計する	●専門科目に取り組み，より高度な知識を身につける ●進路や就職について考える ●大学生活を振り返る	●就職支援行事に積極的に参加する ●インターンシップに参加し，社会と自分について深く知る ●卒業研究について考え，準備する	●具体的な進路に向かって行動する ●各種講座なども活用し必要な能力を身につける ●卒業研究に力を入れる ●社会人としての知識やマナーを身につける

自分磨きのスケジュールを意識しておこう

「キャリア」とはあなた自身で創りあげていくあなた自身の将来，未来といえます。これから先あなたが「どのようなキャリアを創っていくのか」「社会でどのような役割を果たしていきたいのか？」「そのために今何をすべきか」また「近い将来達成すべき目標は何か？」これらを考え続けていくことがキャリアを創っていく，まず第一歩となります。自分を知り自分を磨くことが必要です。

将来は…？

将来，やりたいことがわからない…。何をしていいかわからない…。そんなときは，目の前のすべきことを一生懸命やってみましょう。何かが見えてくるはずです。ただし，必ず「なぜ」という質問を節目ごとに自問自答しながら取り組んでください。たとえば，なぜそれなのか？　なぜ面白いと感じるのか？　なぜ続けられているのか？…など。なぜと問いかけて出た答えに対してもなぜを繰り返してください。これをいろいろなことに応用してください。考える癖をつけていきましょう。気づく瞬間が必ず訪れるはずです。

働くとは…？

まだ少し先の話しですが，考えてみてください。皆さんは何のために働くのですか？　「収入を得て生活するため」「仕事を通じて世の中に貢献するため」「自己実現のため」等々，人それぞれ働く目的は異なります。仕事に求める優先順位も違います。家族構成や年齢によっても異なっていくもので，これという答えはありません。

働くことを違う視点で見てみよう

日本国憲法（国民の三大義務と三大権利）にこう書いてあります。

三大義務⇒「教育の義務」「勤労の義務」「納税の義務」

そのなかに「勤労の義務」があります。その義務は社会に出て何十年も続く義務です。今後の人生はその大部分が義務の履行期間になります。大変重い義務です。どのような義務を履行するかが，人生設計であると同時にキャリアデザインになると考えるようにしましょう。

4 キャリアを考えよう

就職や進学は，たくさんある進路のひとつです。自分自身で創りあげていてく自分の将来，未来（キャリア）につながっています。将来社会人になって過ごす時間は学生生活の 10 倍以上。その時間を有意義にするためにも，今から意識する視点を持つことはとても大切です。

これから先，どのようなキャリアを積み上げて，社会のなかでどんな役割を果たしていきたいですか？　その将来を少し意識して，そのために今，何をすべきか，どんな目標を持つことが良いのかを考えることで，より学生生活を充実させることができます。

将来，やりたいことがわからない…，何をしていいのかわからない…。そんなときは目の前のことに一生懸命取り組んでみましょう。その取り組んだときの実感や好き嫌いや関心を持ったことなどすべてが，自身のキャリアにつながっていきます。

今すぐにわからないことでも，明確になっていることでも，学生生活を過ごすなかで自分の将来や未来につながっていることを意識してみましょう。

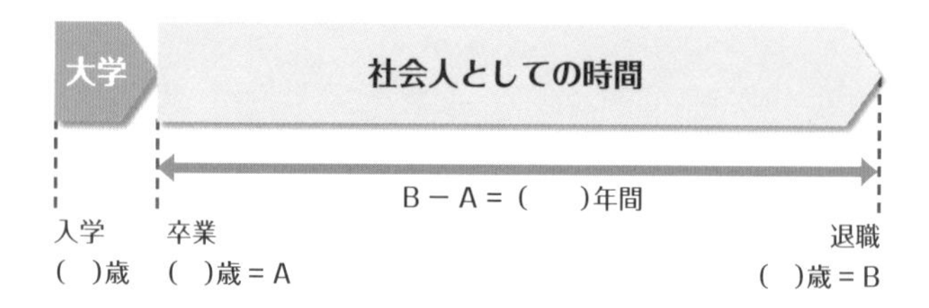

自分の将来・未来を考えてみましょう

将来について少しだけ考えて声にだして，書いてみましょう。言葉や文字で表すことによって，自分が考え思い描いていることがはっきり見えてきます。

Q. 将来の夢

Q. やってみたい・興味のある仕事

Q. 将来身につけたい能力

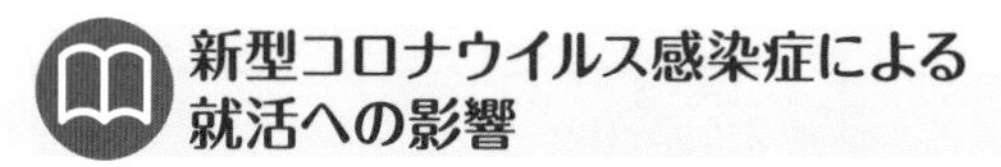

新型コロナウイルス感染症による就活への影響

新型コロナウイルス感染症の影響は，私たちが今までに経験したことのない状況をつくりだしました。

働き方においては，リモートワークがあたりまえになり，採用試験においても，面接では多くの企業がオンラインを取り入れました。

皆さんが就職活動を開始するときはどうなっているのでしょうか。将来の自分自身の働き方を考えたり，新しい形の採用試験の準備も必要になります。

在学中にとっておくとよい資格

大学で学んだことや好きなこと，得意なことを資格として保持しておくと，仕事で役に立ったり，就職活動で有利になる場合があります。在学中にとっておくと良い資格の一部を以下にご紹介します。

日本の科学技術における最高位の国家資格

◉技術士・技術士補

技術的専門知識・応用能力，豊富な実務経験が必要で難易度が高い資格のひとつです。製造業，エネルギー，通信業界など，さまざまな産業界で役に立ちます。工学部電気電子工学科，理工学部建築・都市環境学系は，JABEE 認定コースを修了することにより一次試験が免除され，技術士補登録資格が取得できます。

グローバルに活躍，幅広い業界で活かせる資格

◉ TOEIC

世界中で実施されている英語によるコミュニケーション力を検定するための試験です。満点は900点で就職活動では600点以上が求められるといわれています。

情報系の分野の仕事に活かせる資格

◉基本情報技術者試験，応用情報技術者試験

プログラマーやシステムエンジニアなどの情報を扱う仕事で有利です。ITエンジニアとしての知識，論理的な考え方，技能等を証明する資格です。

建物の設計，建築で必要な資格

◉建築士（一級，二級）

ハウスメーカー，ゼネコン，建築設計事務所などで活かせる資格です。建築学科，建築・都市環境学系は，国土交通省の指定科目について必要単位を修得すれば，大学卒業と同時に二級の受験資格を得ることができます。また，その後実務経験が必要になりますが，一級建築士まで目指すことが可能です。

電気工事・設備工事の分野の仕事に活かせる資格

◉第二種電気工事士

電気工事士とは電気工事を行う際に必須の資格です。第二種では一般家屋の屋内配線や電気照明の設備取り付けが主な仕事です。工学部電気電子工学科は，指定科目の単位を修得して卒業することで，筆記試験が免除になります。

5 社会人に求められる力

経済産業省が提唱する「新・社会人基礎力」は，社会で働くうえで必要な基礎力として，多くの企業が重視しています。

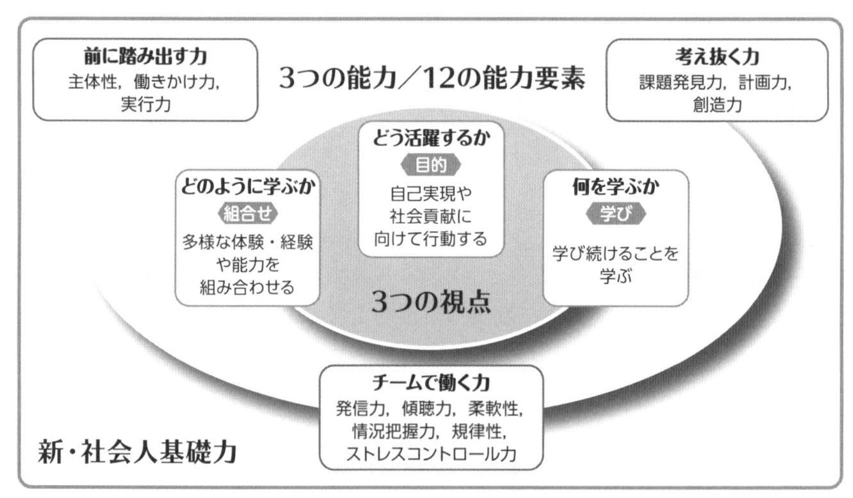

資料出典：経済産業省「新・社会人基礎力」

前に踏み出す力

一歩前に踏み出し，失敗しても粘り強く取り組む姿勢

「主体性」 物事に進んで取り組む力

…指示を待つのではなく，自らやるべきことを見つけて積極的に取り組む

「働きかけ力」 他人に働きかけ巻き込む力

…「〇〇をしよう」と呼びかけ，目的に向かって周囲の人びとを動かしていく

「実行力」 目的を設定し確実に行動する力

…自ら目標を設定し，失敗を恐れず行動に移し，粘り強く取り組む

考え抜く力

疑問を持ち，考え抜く力

「課題発見力」現状分析し目的や課題を明らかにする力

…目標に向かい自ら「問題・解決」を提案する

「計画力」課題解決に向けたプロセスを明らかにし準備する力

…課題の解決に向けた複数のプロセスを明確にし，最善のものを検討し準備をする

「創造力」新しい価値を生み出す力

…既存の発想にとらわれず，課題に対して新しい解決法を考える

チームで働く力

多様な人びとと ともに，目標に向けて協力する力

「発信力」自分の意見をわかりやすく伝える力

…相手に理解してもらうように的確に伝える

「傾聴力」相手の意見を丁寧に聴く力

…相手の話しやすい環境をつくり，適切なタイミングで質問するなど相手の意見を引き出す

「柔軟性」意見の食い違いや立場の違いを理解する力

…自分のルールややり方に固執するのではなく，相手の意見や立場を尊重し理解する

「情況把握力」自分と周囲の人びとや物事との関係性を理解する力

…自分の果たす役割を理解する

「規律性」社会のルールや人との約束を守る力

…状況に応じて，社会のルールにのっとって，自らの発言や行動を適切に律する

「ストレスコントロール力」ストレスの発生源に対応する力

…ストレスを感じることがあっても，成長の機会だとポジティブに捉えて肩の力を抜いて対応する

6 東京電機大学の強み

東京電機大学の企業への内定率は非常に高く，また就職先に対する満足度も高く，学生生活で学んだことや努力したことが活かせる「就職に強い大学」です。

2023 年 3 月に卒業した学生の就職状況を数値で表しました。学生にとって就職環境が非常に良い状況であることをご理解いただけると思います。

●就職内定率

98.7% 2023年3月卒業生実績

2023年3月卒業，修了生の就職内定実績。希望企業への内定獲得率や就職先企業への満足度も高く，多くの学生が希望する企業の内定を勝ち取っています。

●就職先企業の満足度

97.8%

2023年3月卒業生アンケートで就職内定先企業を「大変満足」「満足」と答えた学生の割合。ほぼすべての学生が就職先に満足しています。

●希望企業への内定獲得率

94.6%

2023年3月卒業生アンケートで就職内定先企業が，希望順位の第3位までの割合。

●求人社数

15,116社

本学の学生1人あたりの求人件数は約9.1社（全国平均は1.6社：リクルートワークス研究所調べ）。

7 先輩の就職先

過去5年間の主な内定企業実績一覧

（人）

企業	人数	企業	人数
三菱電機	72	日本電気（NEC）	39
東日本旅客鉄道（JR東日本）	71	沖電気工業	35
凸版印刷	52	スズキ	35
SUBARU	48	富士通	35
本田技研工業（HONDA）	40	富士電機	35
東京電力	30	大日本印刷	19
大和ハウス工業	28	いすゞ自動車	17
大成建設	27	ソフトバンク	16
東海旅客鉄道（JR東海）	26	ミネベアミツミ	16
アルプスアルパイン	23	インターネットイニシアティブ	15
関電工	23	ヤフー	15
SMC	22	キヤノン	14
NECソリューションイノベータ	22	積水ハウス	14
日立製作所	22	日産自動車	14

＊2019年3月～2023年3月卒業生実績
＊㈱省略

主要内定実績企業一覧

（人）

企業	人数	企業	人数
三菱電機	20	沖電気工業	9
SUBARU	18	凸版印刷	9
スズキ	13	東日本旅客鉄道（JR東日本）	9
SMC	12	東京電力	8
日本電気（NEC）	10	富士通	8
富士電機	8	アルプスアルパイン	4
THK	7	NTTコムウェア	4
本田技研工業（HONDA）	7	関電工	4
インターネットイニシアティブ	6	大和ハウス工業	4
キヤノン	5	サイバーエージェント	3
大成建設	5	大日本印刷	3
TDK	5	東海旅客鉄道（JR東海）	3
東京精密	5	東芝デバイス&ストレージ	3
日産自動車	5	ヤマハ発動機	3

＊2023年3月卒業生実績
＊㈱省略

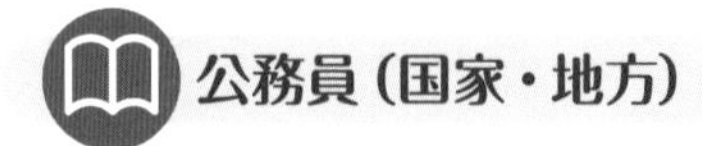

公務員（国家・地方）

都道府県庁，防衛省，国土交通省，警視庁，各警察本部，各市役所，各区役所，他

教員（高校・中学）

公立・私立中学・高等学校，各都道府県教育委員会

進学（大学院）

東京電機大学大学院，東京大学大学院，東京工業大学大学院，電気通信大学大学院，筑波大学大学院，他

〈産業別就職割合〉

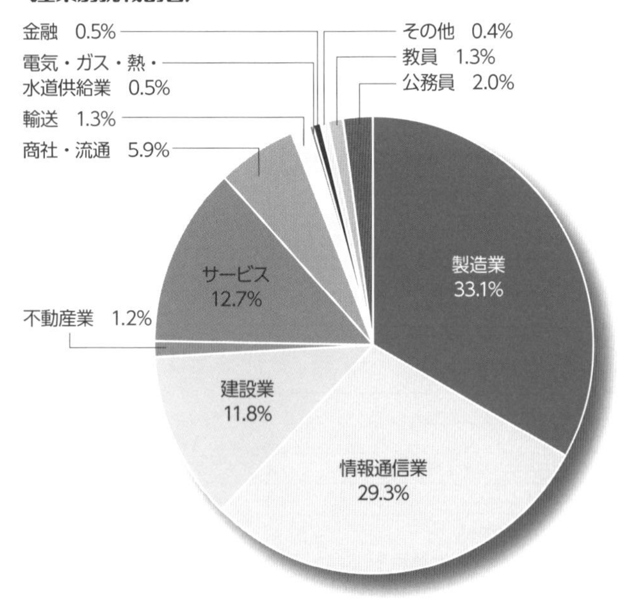

8 働き方はいろいろ

学んだことを社会で活かせるフィールドは多数あります。「企業」への就職といっても，業種や職種はさまざまです。「公務員」や「教員」という進路選択もあります。自分に合う進路はどれなのか？　日ごろから情報を収集し“知ること”を心がけましょう。将来の選択肢の幅を広げることができます。知識を修得し研究を継続したいと思う学生は「大学院」への進学という道があります。本学にとどまらず国立大学という選択もできます。

企業就職

民間企業とは，営利を目的として設立された組織で，日本だけでも400万以上の企業があります。そのなかで大手企業といわれているのは，わすが1%でその他の企業は中小企業といわれています。日本の企業はほぼ中小企業で占められています。今からどのような企業で働きたいのか？　漠然と考えておくことも必要でしょう。限りなく夢のある未来は自身で切り開くものです。

公務員

公務員は国家公務員と地方公務員の大きく2つに分けられます。そのなかにも数多くの職種があります。公務員には技術職もあり，建築・土木・化学・電気・機械・情報などに関わる採用も行われています。公務員になるためには，公務員試験をパスしなければなりません。本学では「公務員講座」も開講しており，1年生から参加することができます。公務員を目指す学生は，計画的に試験対策を講じることが重要です。

教員

教員になるためには教職課程の科目を履修することが必要です。教職課程を修めて大学を卒業することで，教育職員免許状を取得することができます。その後，各自治体が実施する教員採用試験に合格しなければなりません。

合格すると採用候補者名簿に掲載され，面接を経て採用となります。また，私立学校の場合はそれぞれ学校独自で採用試験を行っているところが多く，別途情報収集が必要になります。

大学院進学という選択

大学院はより専門的な学問の追求を目指す場所です。

学部時代の研究をさらに深めたい，もっといろいろな勉強・学習に取り組みたいという強い意識や意欲が必要です。

学部時代に比べると授業数は少なく研究中心の生活となります。主体的に研究に取り組む結果として国内・海外の学会*に参加することもできます。自分でやること

*学会：学問や研究の従事者らが，自己の研究成果を公開発表し，その科学的妥当性をオープンな場で検討議論する場。

を決め，結果を出さなくてはならないため，主体性が求められます。また，国内・国際学会参加を通して他大学や企業の人と触れ合う時間も多く，コミュニケーション能力・プレゼンテーション能力なども養われます。就職面においては，多くの企業が研究・開発をはじめ即戦力として，大学院生を受け入れる傾向にあります。したがって，大学院生における大手企業への入社率が高くなっています。

少しだけ就職活動を覗いてみましょう

就職活動とは，自分が卒業後に働く会社を探し出し，その会社に「正社員」として採用されることです。採用されるためには，企業独自の採用試験や面接を受け，その企業の採用基準をクリアする必要があります。面接では，あなた自身のことや大学時代に頑張ったこと，またなぜこの会社で働きたいか等々，企業側にわかりやすく伝える必要があります。

就職活動は，業界・企業を知り，自分を知り，それを自分の言葉で伝えることなのです。

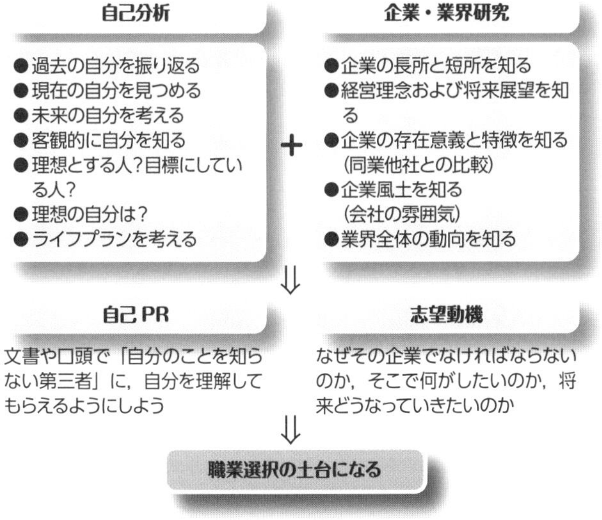

自己分析

- 過去の自分を振り返る
- 現在の自分を見つめる
- 未来の自分を考える
- 客観的に自分を知る
- 理想とする人？目標にしている人？
- 理想の自分は？
- ライフプランを考える

＋

企業・業界研究

- 企業の長所と短所を知る
- 経営理念および将来展望を知る
- 企業の存在意義と特徴を知る（同業他社との比較）
- 企業風土を知る（会社の雰囲気）
- 業界全体の動向を知る

⇓

自己PR

文書や口頭で「自分のことを知らない第三者」に，自分を理解してもらえるようにしよう

志望動機

なぜその企業でなければならないのか，そこで何がしたいのか，将来どうなっていきたいのか

⇓

職業選択の土台になる

9 大先輩の声

先輩の声（卒業生）

23万人の卒業生のなかには，企業の代表の職に就いている方，エンジニアのリーダー職に就いている方，海外を飛び回って技術指導をされている方など，企業で活躍をされている方がたくさんいます。その方々と対談を行った際にいただいた声の一部をご紹介します。

企業のトップの先輩から

大学の授業も企業での仕事も同じ，無駄になる経験は何もない。必ずあとでその経験が役立つ時が来る。

一歩前に踏み出す勇気があるかないかで人生はまったく変わった方向に行くと思う。退くことを選ぶのではなく，ぜひ一歩前へ新たな挑戦をしてほしい。

技術部長の先輩から

イマジネーション能力と自分を表現する力が社会で活躍する原動力。

イマジネーション能力は脳みそを鍛えることで養われる。だから学生時代は不得意なこと，嫌なことこそどんどんやって脳みそを鍛えてほしい。

技術顧問の先輩から

自分に自信を持つためにはこの分野だったら絶対に負けないというところを作りなさい。

ある程度うまく行き始めるとどんどんレベルが上がって行くので，後は脇から固める。

企業の会長の先輩から

創造・実行・苦労・克服の精神。

これからは，どんな変化に対しても，強く生きられるように意識を高める必要があります。

技術の先輩から

大切なことは，大学で学んだ確かな基礎を持ち，未来を見つめるエンジニアに。

自分の基礎がしっかりしていれば，技術や時代がどんなに変化しても，その変化に対応して成長し続けることができるはずです。

技術部長の先輩から

技術力とコミュニケーション能力を兼ね備えたエンジニアこそが社会で必要とされている。

コミュニケーション能力を鍛えることを意識しながら大学時代を過ごせば，4年後にはきっと違う自分になれる。

世界を見る目を持つ先輩から

さまざまな国の文化や経済状況など実際に自分の目で見て感じることが大切で，海外の技術が現在どのくらいのレベルなのかは実際に見て触れることでわかります。開発途上国でもライドシェアリングサービスや，充実した無料 Wi-Fi スポットなど，日本より便利なところはたくさんあります。今の学生は世界を見る機会が昔に比べて断然多いですから，ぜひそういった経験をたくさん積んでいただきたいですね。

私は海外によく行きますが，そんなに英語は話せません。ですが，黙らないということを心掛けています。
日本では，話さないことが美徳のように思われがちですが，海外では黙っていたら駄目です。話さないと「あいつは何もしない」と思われます。ですから，海外に行ったら流暢に話せなくてもいいから，意思を伝える努力をおおいにしていただきたいと思います。

その他の先輩から

夢は大きく！　失敗を恐れず何でも TRY ！

自分でものを考えて，それを実際に行動にうつしてみる。どんな小さなことでも構いません。その経験が今後必ず役立ちます。

10 若い先輩の声

将来の夢

2018年3月に卒業した先輩が大先輩と対談をしたなかで，大先輩に将来の夢を聞かれたときに答えた内容などを抜粋*しました。身近な先輩の声として聴いてください。

*『東京電機大学創立110周年記念冊子』『2023大学案内』から抜粋。

航空機エンジンの制御の仕事をしたいと思っています。もともと技術者を目指そうと思った理由が，事故を技術で無くしたいということでしたから，その分野でもっとも活躍できると考えた航空分野で仕事をしたいと思いました。なかでも動力制御をやりたくて，大学では同じ回転機械であるモータ制御の研究を選びました。航空機エンジンの電動化も期待されていますので，そういう場所で自分が学んできたことを活かしたいと思っています。燃料で動かす部分，電気で動かす部分をうまく組み合わせることで，安全性を損なうことなく最高効率を実現するエンジンを作りたいです。

私は，人にも地球にも優しい車作りをしたいです。車種にこだわらず，自動運転の流で，省エネルギーで，乗っている人がワクワクできる車作りができたらと思います。これから半導体，マイコンなどが車にたくさん搭載されると思うので，それをうまく制御できる半導体の開発もしてみたいです。就職予定の会社はマイコンのシェアが高いので，マイコンを車に搭載して，運転者が疲れたら自動運転に切り替わるといった，そんな車を作りたいです。

私は工作機械の客先専用設計を行っています。設計業務は幅広い視野と柔軟な発想が求められる難しい仕事です。しかし，世の中の様々な製品に，工作機械が生み出した製品が使われていることを考えると，工作機械をつくる仕事はとてもやりがいを感じます。お客様のご要望に沿って機械を思い通りに制御できた時は喜びもひとしおです。

情報化の波は世界を席巻し，その勢いはますます増しています。そんな時代だからこそ，情報技術を提供するエンジニアには安心・安全な未来に対する大きな責任があります。あらゆる国のあらゆる企業があらゆる発想でソリューションを提供している現在においても，私は情報技術を提供するエンジニアとして，常に「唯一無二」でありたいと思っています。

「理系の仕事」は想像以上に多種多様で活躍の場はたくさんあります。まずはそれを知ること。そうすれば大学で学びたいことがおのずと見えてくるかもしれません。自主性を大切にする電大には，やる気次第で何倍にも成長できる環境が整っています。

進路が決まった先輩の声（在学生）

＊「2023 卒内定報告」より抜粋。

初めての経験で焦りや戸惑いが多々あったが，就職活動を通して学んだ事はとても多くとてもいい経験になったと思う。

無事に終われてよかったです。大学のガイダンスや，インターンの説明会に感謝しています。（大学経由で行ったインターンの経験は，就活にも役に立ったと感じます）

電大は非常に就職に強い大学だと感じました。そのため他大学と比較せずに自信を持って就職活動を行ってください。

かなり難なくクリアできたと思っています。学校のイベント，求人ナビをたくさん利用することでこの結果が得られたと思っています。

自分はもっと業界を見ておくべきだったと後悔している。行きたい業界や企業が決まっていたとしても，それ以外の業界も積極的に見るべきであった。また，行動は３年の夏前からが良いとも感じた（4～5月）。夏のインターンシップは６月での締め切りが多いので，準備も考えるともう少し早く行うべきであった。就職活動は精神的につらかったが，企業研究や業界研究をしっかりと行っていればいずれ報われるのかなと感じた。周りを見ていても，早め早めに行動し努力していた人は行きたいところに行っている。

１月から研究室には毎日行かなければならず，６月からは実習が始まってしまうというスケジュールの中で就職活動を両立させることがとても大変でした。その中でもキャリアセンターを毎週利用し，面接対策をしていただいたことで面接には自信がつき，通過率が上がりました。

企業説明会はやはり対面の方が社風や役員の方の人柄などを知る事ができて良いなと感じました。コロナ禍なので，あまり対面での説明会を行っているところが多くなかった印象ですが，対面の説明会に参加するのは重要なポイントだなと思いました。

民間企業の就職活動と公務員試験を並行して行いました。むやみに沢山の企業を受けるよりも，実際に内定をもらっても本心から行きたいと思える企業のみに絞り，就職活動をした方が効率的で結果的に選考もスムーズに進みやすいと感じました。

就職活動を通して，メンタル面でかなりきついものがありました。特に 3 月は ES の締め切りや面接準備に追われ，気持ちが落ち着く日がほとんどありませんでした。そうした中で，大事なのが相談することのできる環境です。友人や家族，先生など，人に不安を打ち明けることで気持ちが楽になることがあると思います。1 人で抱え込まないことが 1 番大事であると身をもって実感しました。

進路選択ということにおいて，正解というものはないと思います。しかし，正解はなくても自分にとっての「最適解」は必ずあります。その最適解は「自分で決めたことを諦めずに続けること」で見つかります。ぜひ，後輩の皆さんも「諦めずに続ける」ことを頑張ってください。

＊「2022 卒内定報告」より抜粋。

就活は早く始めた人間が勝つというが，大学 1 年から就職に向けて動くべきであったと後悔している。明日からでも就職について考えることを勧めたい。

自分のことをしっかり理解して言語化できるようになっておくという事が大切であると思います。

自分が何をしてきたのか，どういった強みがあるのか，社会で何をしたいのか，ということについてしっかり自己分析を行うことが何より重要だと思います。

やりたいことが明確な人はそのまま突き進んでください。やりたいことが決まってない人はいろんな企業を見てみてください。その中に心惹かれるものが見つかるかもしれません。

11 大切なことは…

自分の強みを身につけましょう

これからの大学生活のなかで，これだけは誰にも負けない「これだけは頑張った」「やりきった」と誇れるものをひとつでも創りましょう。

「自分だけの強み」を身につけることは大きな自信につながります。どんな些細なことでも，自分が自信をもって主張できる“何か”を見つけましょう。

《これからの４年間をどのように過ごすかじっくりと考えてみましょう》

「諦めないで…一生懸命取り組みましょう」

どんなときも諦めないでやり続ける姿勢が大切です。続ければ，必ずいつか，どこかで役に立つときがやってきます。

《大切なのは，やり遂げた自信です》

各キャンパス・就職担当部署

本学の就職担当部署*では，皆さんの大学生活に積極的に関わり入学から卒業まで幅広く支援を行っています。皆さんが充実した大学生活を送るための一助として，１年生からキャリアデザインプログラムや資格支援も行っています。さらに，３年生から本格始動する就職

*設置場所
○東京千住キャンパス
学生支援センター（キャリア支援・就職担当）→２号館３階
○埼玉鳩山キャンパス
理工学部事務部（学生厚生・就職担当）→本館１階

支援プログラムも皆さんの特性を活かした独自のプログラムを企画運営し，就職へとつなげています。皆さんが進路選択時に迷うことなく主体的に進むべき方向を定められるように全力でサポートしています。どの学年の方でも，進路の相談をすることができます。いつでも各キャンパスの就職担当部署を活用していただけるようにお待ちしています。

東京電機大学をフル活用しよう！

皆さんの学修・生活を有意義なものにするために，
大学ではさまざまなサポートをしています。
ぜひ積極的に活用してみましょう！

1 総合メディアセンター

総合メディアセンターとは？

生活に必要な電気・ガス・水道と同じぐらい重要である IT 環境を提供しているのが総合メディアセンター*です。キャンパス内で必須な「ネットワーク」，授業や研究で使用する「情報システム」，教室で利用するプロジェクタや授業などを収録するための「視聴覚設備」，そして教育・研究を支える「大学図書館」があります。「知」の集積地の総合メディアセンターを活用して，情報の達人を目指しましょう。

＊主な設置場所
○東京千住キャンパス
・図書館→２号館1,2階，５号館６階
・IT ゾーン，プリントルーム→２号館４階
○埼玉鳩山キャンパス
・アクティブラーニングゾーン→１号館１階
・図書館→１号館2,3 階
・実習室，プリントルーム→２号館１階

また，総合メディアセンターの Web ページでは，IT サービスや図書サービスなどについて，さまざまな情報提供を行っていますので，ぜひ活用してください。

https://www.mrcl.dendai.ac.jp/

快適な Wi-Fi 環境の活用術

キャンパスのどこに行っても大学の Wi-Fi が利用できます。授業でも図書館などでの自習でもなくてはならない存在です。また，他の大学に行っても利用ができる無線 LAN（eduroam）のネットワークサービスもあります。ID*とパスワード*を設定したらキャンパスライフの始まりです。

＊ユーザ ID：「学籍番号」または「メールアドレス」で，利用するサービスによって異なります。
＊パスワード：「共通パスワード」を1つだけ覚えれば，学内の各システムを同じパスワードで利用できます。
初期パスワードはオリエンテーションなどで案内があります。まずは，自分だけがわかるパスワードに変更してから利用しましょう。

豊富なソフトウェアの活用術

レポート作成には欠かせない文書作成や表計算のソフトウェアは，総合メディアセンターにお任せください。マイクロソフト製品の Office などは，大学の PC ではもちろん個人 PC にもインストールができます。ほかにも，Adobe 製品，設計・製図に利用する CAD ソフト，数値解析ソフト等々が使い放題です。PC のセキュリティ強化のためには，ウイルス対策ソフトを忘れずにインストールしましょう。

容量無制限なストレージサービスの活用術

実験結果や授業の課題で作成したレポートはもちろん，写真や動画もクラウドのストレージサービス（Box）に保管しましょう。容量は無制限，自宅からでもアクセス可能，バックアップ機能も充実しているため，安心してレポート作成に取り組めます。

ビデオコミュニケーションの活用術

Zoom は遠隔講義や授業配信だけではなく，教室で行う講義型授業やアクティブラーニング，研究活動，さらにはクラブ活動のミーティングと幅広く活用できます。時間の制限がありませんので，マナーを守って活発な意見交換を行いましょう。

図書館の活用術

大学が所蔵している図書は，他キャンパスも含めてすべて利用できます。図書にはICタグが付いていますので，自動貸出機で一度にまとめて借りられて便利です。電子図書館の電子ブックは，貸出・返却がネットで手続きできます。本棚のイメージをPCから確認できるバーチャル図書館も活用できます。就活に必要な企業データベースや語学学習に役立つ資料もそろっています。論文を執筆するためには，豊富な電子ジャーナルやデータベースを使いこなしましょう。資料探しに困ったら，図書館のライブラリーアドバイザーに相談すれば，解決へのアドバイスがきっともらえますよ。

多彩な学修スペースの活用術

その日の目的に合わせて，さまざまなスペースを使い分けることができます。ホワイトボードやプロジェクタを利用しながらグループでディスカッションやプレゼン

図書館の様子

テーションができるラーニングゾーン，ノートPC・資料・ノートも広げて学修できるリーディングゾーン，集中して静かな環境で学修したい場合には静粛閲覧エリアがお勧めです。

楽しく学べるイベント・講習会の活用術

英会話の上達を目指す「English Lounge」をはじめ，これまでに，ウィキペディアを通して著作権や記事の執筆を学ぶ「TDUウィキペディアタウン」，図書館に置いてほしい図書を選ぶ「TDU総選書」などのイベントが行われています。今後も楽しく学べるイベント，電子ジャーナルやソフトウェア活用法の講習会など，見逃せない催し物がたくさんあります。

多彩な学修スペース

2 国際センター

国際センターとは？

国際センターでは，国際交流の実践に向けて，学生の皆さんや教職員の人的な交流をさらに進めるために，あるときは留学生の日常的な相談相手として，またあるときは日本人学生の海外留学のお手伝い役として，さまざまな支援を行っています。また，海外の諸機関との学術交流・留学生の受け入れ・学生の海外派遣などを担当しており，本学の2つのキャンパスに千住ラウンジ・鳩山ブランチの交流拠点*を有しています。

＊設置場所
○東京千住キャンパス
千住ラウンジ→1号館4階
○埼玉鳩山キャンパス
鳩山ブランチ→12号館1階

海外協定・交流校

Global Engineersを育成するという本学の目標に向け，国際交流を実践するために，17の国と地域における42の大学・1研究機関と学術交流協定などを締結し，教員の国際的な共同研究，学生の海外研修，交換留学生の送り出し，受け入れなどを促進しています。

留学・海外語学研修

本学の留学システムは，短期留学・文化研修と長期留学があります。

短期留学・文化研修は，夏季や春季休暇を利用して，海外で語学を学び，文化を体験するプログラムです。これらの研修には，ケンブリッジ大学ホマートン校，コロラド大学ボールダー校，ビクトリア大学での「夏季プログラム」とクイーンズランド工科大学，カリフォルニア州立大学ロングビーチ校での「春季プログラム」，中原大学での「中国語研修」などがあります。これらの研修では必要条件を満たせば，英語科目の単位として認められるものがあります。また参加者は，海外派遣支援（奨学金）を受給することができます。

長期留学は，米国フェアモント州立大学，アーカンソー

ケンブリッジ大学ホマートン校から講師を招待して学内で実施された英語研修の体験学習会

ケンブリッジ大学ホマートン校にて実施される夏季英語研修

テック大学をはじめとした協定校などに1学期間または1年間留学するプログラムです。なお，長期留学には，留学先が求める語学力やGPAなどの基準があります。

カリフォルニア州立大学ロングビーチ校

東京電機大学神山治貴海外留学派遣奨学金

本学名誉博士の神山治貴氏のご厚志により，学長賞受賞者または成績優秀者が，在学中に海外留学の機会を得られるよう，「東京電機大学神山治貴海外留学派遣奨学金」制度を創設しました。本制度の創設には，「学長賞受賞者または成績優秀な学生が，将来，技術力と英語力を兼ね備えたグローバル人材となり，リーダーとして日本社会に貢献できるよう，在学中に英語圏の大学に留学し（専門科目の）単位を取得してほしい」という神山治貴氏の願いが込められています。

学内でできる国際交流

「語学には興味があるけど，どうしたらいいかわからない」と考えている方におすすめなのが，学内でできる語学学習や国際交流です。英語ネイティブの先生と自由に会話できる「English Lounge」「English Activity Room」，海外留学に必要な試験対策講座「IELTS試験対策講座」などがあります。また本学にはキャンパスごとの「千住ラウンジ」「鳩山ブランチ」の留学生の交流拠点に多くの留学生がいますので，留学生との交流を通して他国の言語や文化を学ぶこともできます。

海外の協定校から技術者を目指す同世代の留学生たちもたくさんいます。彼／彼女らは日本文化や日本人と交流することに強い関心がありますので，ぜひとも「千住ラウンジ」「鳩山ブランチ」を訪れてみてください。

他言語や異文化についての理解を深め，世界観を拡げて，未来へ羽ばたいてください。

〈短期留学・文化研修（海外渡航型）〉

夏季プログラム（予定）

国・地域	言語	研修先	実施期間	単位認定
アメリカ	英語	コロラド大学ボールダー校	8月初旬（3週間）	あり
カナダ	英語	ビクトリア大学	8月初旬（3週間）	あり
ベトナム	英語	FPT大学	8月下旬（3週間）	なし
イギリス	英語	ケンブリッジ大学ホマートン校	8月中旬（3週間）	あり
韓国	韓国語	全北大学校	8月（2週間）	なし
韓国	韓国語	大邱大学校	8月（3週間）	なし
韓国	韓国語	ソウル科学技術大学校	7月中（2週間）	なし

春季プログラム（予定）

国・地域	言語	研修先	実施期間	単位認定
オーストラリア	英語	クイーンズランド工科大学	2月（3週間）	あり
アメリカ	英語	カリフォルニア州立大学ロングビーチ校	2月（3週間）	あり
イギリス	英語	フランセスキング スクール オブ イングリッシュ	2月（3週間）	なし
台湾	中国語	中原大学	3月（3週間）	なし
フランス	英語	フランス国立高等精密機械工学大学院大学	3月（1週間）	なし
タイ	タイ語	泰日工業大学	2月下旬 （12日前後）	なし

詳しく知りたい方は国際センターWebページをご覧ください。
https://www.dendai.ac.jp/about/international/

※世界を取りまく情勢により，留学・海外語学研修が変更・延期・中止となる場合があります。
詳しくは国際センターまでお問い合わせください。

3 ものづくりセンター

ものづくりセンターとは？

ものづくりセンターは，本学の「ものづくり」の中心として，学生自ら技術的素養を深める場，学生・教職員の研究支援の場，ものづくりに関する講座・講習および企業の技術開発を支援する社会貢献の場，そして「発想をカタチにできる場」を提供します。

ものづくりセンターは，「ものづくりセンター千住」と「ものづくりセンター鳩山」があります*。ものづくりセンター千住は，東京千住キャンパス5号館1階2階に目的に合わせた8つのスペースがあり，ものづくりセンター鳩山は，埼玉鳩山キャンパス11号館1階に工作スペースがあります。

＊設置場所
○東京千住キャンパス
→5号館1,2階
○埼玉鳩山キャンパス
→11号館1階

本センターでは3Dプリンタ，マシニングセンターなど最先端の工作機械をはじめ，IoTに不可欠なCAD/CAMや各種測定器を用意しています。また，アンケート調査に基づき，学生の皆さんが利用したい装置の導入を優先的に進めています。

常駐する運営スタッフによる技術相談，常設するパーツセンターによる標準的な部材･部品の販売･調達といったサービスも提供しています。

学生向けの実践的な加工講習会，子ども向けのものづくり教室などを企画・実施しています。また，地域産業界との技術相談会なども実施しています。

ものづくりセンターの利用は講習から

ものづくりセンターを利用するための第一歩として，安全に関する基本知識を身につけるために安全講習を受講しましょう。受講後，利用許可証を付与され，造形方法が異なる複数の3Dプリンタ，ボール盤，卓上旋盤などが設置された電気・組立スペースを自由に使用できます。

さらに，木材や金属の加工機械の使用を希望する方は，木工や金属加工に関する加工講習（入門）を受講します。これらを修了すると受講内容に応じた機材・スペースの利用が許可されます。木工スペースにはパネルソーや丸ノコ盤など，金属加工スペースには，フライス盤，旋盤などが設置してあり，目的に合わせて本格的な木材加工・金属加工が可能です。

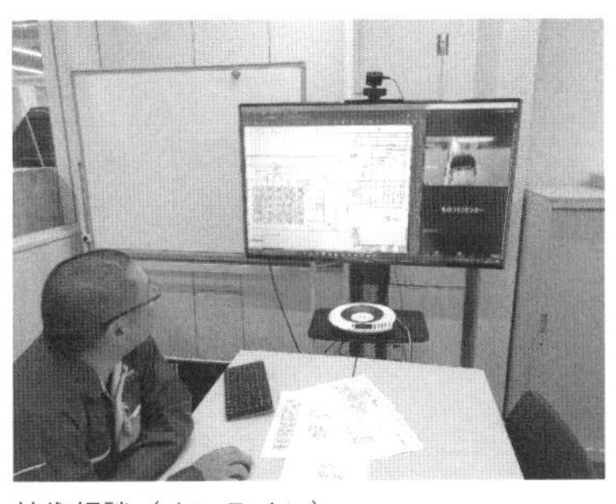
技術相談（オンライン）

安全講習をはじめとする各種講習は定期的に開催しています。毎年度，1,000名を超える人が受講し，センターを利用しています。入学直後から受講できますので，早めに受講しましょう。

技術相談（対面）

皆さんと一緒につくるものづくりセンター

多くの方に利用していただくために，皆さんのニーズにあわせて施設設備を充実させています。相談・意見・苦情など何でもお寄せください。これまでにも皆さんからの要望が多かった非接触型3Dデジタイザ，3Dプリンタ，画像測定機，CADシステム，その他加工機（木工CNCルータ，基盤加工機，カッティングプロッタ，プレス機，ブラスト機，小型マシニングセンター）などを導入しました。

もちろん，すべての要望に完全に応えることはできませんが，可能な限りお応えしますので，一緒に活気溢れるものづくりセンターをつくっていきましょう。

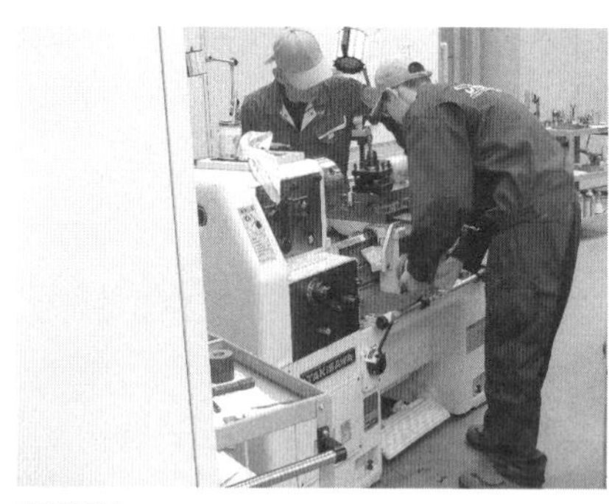

利用風景

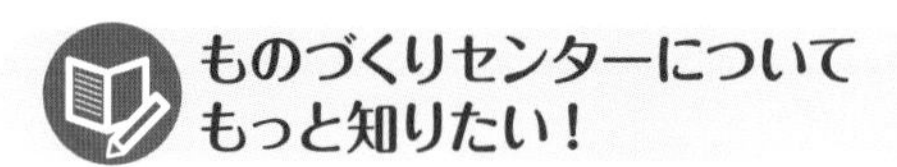

ものづくりセンターについて もっと知りたい！

東京千住キャンパスの５号館２階ものづくりセンター前のショーケースに，運営スタッフが製作した作品を展示しています。

また，Webページにてものづくりセンターの紹介をはじめ，各種最新のお知らせ，利用方法などの情報を公開しています。ぜひ定期的なチェックをお願いします。

ものづくりセンターでどのようなものが製作できるのか，想像を膨らませて発想をカタチにしていきましょう！

ものづくりセンター： https://www.mono.dendai.ac.jp

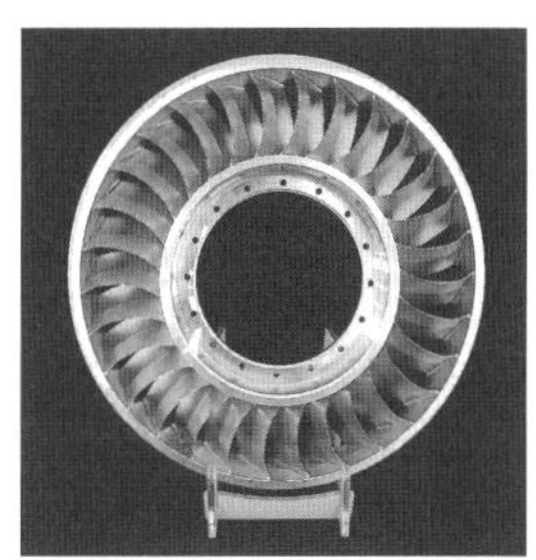

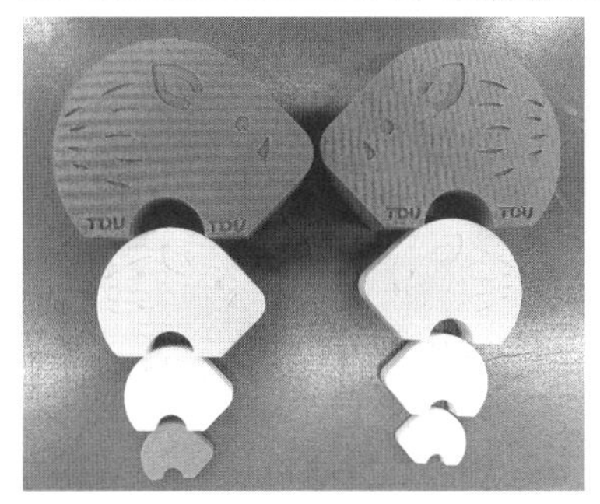

作品例
左上：ブレードとディスクが一体化したブリスク
（5軸制御マシニングセンターで製作）
右上：鳩山キャンパス第２学生食堂「Komorebi」の窓枠格子
（木工用CNCルータで製作）
左下：マトリョーシカ風イノシシケース
（亥年に3Dプリンタで製作）

4 学習サポートセンター

学習サポートセンターとは？

学習サポートセンター（通称：サポセン）は，大学で学ぶための基礎学力を確実に身につけることをサポートしている場所です。上級学年で学習する科目の理解力(応用力)を高めるとともに，高校時代に学習した内容の理解に不安がある場合にも対応しています。具体的には，授業でわからなかったところを質問できたり，高校時代に勉強したけれど忘れてしまった基礎的な事項や基礎知識なども質問できます。また，学習方法の相談にも乗ってもらえる場所です。

開設科目

サポセン*は，東京千住キャンパス（システムデザイン工学部・未来科学部・工学部・工学部第二部），埼玉鳩山キャンパス(理工学部)に各々設置されていて，数学・英語・物理・化学の4科目を開設しています。科目によって，開設している曜日，時間は異なりますが，基本的に予約不要ですので，お気軽にご利用ください。

＊設置場所
○東京千住キャンパス
　→ 5 号館 5 階 5504 室
○埼玉鳩山キャンパス
　→ 12 号館 1 階 126 室
（受付は 127 室）

講師陣と運営形態

実際に大学の授業を受け持っている先生（常勤・非常

勤）や元高校の先生などが，サポセンの講師として指導にあたられています。一部科目では，皆さんの先輩である大学院生も担当されています。親身になって指導してくださるので，ご安心ください。

サポセンは「個別質問」の場であると同時に，「ミニ講義・テーマ別講習会」も実施しています。詳しくはWeb ページをご確認ください。

https://www.dendai.ac.jp/about/campuslife/study_support/

 苦手分野の克服に

学科／学系によって，物理と化学，両方の授業が配当されています。「受験勉強で化学（物理）を選択しなかったので，すっかり化学（物理）は忘れてしまった…」という方などは，ぜひご利用ください。

また，「英語が本当に苦手で…」という方も，わかりやすく指導していますので，サポセンへのお越しをお待ちしています。

 その他授業でわからないことの質問

数学・英語・物理・化学の4科目以外（専門科目など）でも，各授業に「オフィスアワー」*というものがあり，ここでも授業でわからなかったことを質問できます。ただし予約が必要であったりします。詳しくはシラバスに記載されていますので，ご確認ください。

＊オフィスアワー：先生が皆さんからの質問や相談に応じてくれる時間。

5 学生厚生担当

 学生厚生担当とは？

学生生活は，学業が中心となりますが，東京千住，埼玉鳩山のキャンパスの学生厚生担当*では，学生生活を送るうえでのさまざまな支援を行っています。学生生活のなかで困ったこと，悩みや不安になることがあれば，各キャンパスの学生厚生担当窓口へ相談に来てください。皆さんが安心して充実した学生生活を送ることができるように支援します。

＊設置場所
○東京千住キャンパス
　→２号館３階
○埼玉鳩山キャンパス
　→本館１階事務室

また，本学は大学パートナーシップに加盟しており，「国立科学博物館」の入館に際し，窓口で学生証の提示により，常設展は無料，特別点は割引の優待を受けることができます。また，附属自然教育園，筑波実験植物園に無料で入園できます。

 課外活動に参加しよう！

本学には 2023 年 6 月 1 日現在，113 の学生団体（東京千住キャンパス 82 団体, 埼玉鳩山キャンパス 31 団体）があり，約 70 パーセントの学生が所属しています。

授業時間以外の時間を活用して活発に活動しており，全国大会へ出場したり，海外へ活躍の場を広げている学生団体もあります。

学科／学系を越えて，たくさんの仲間と巡り合い，同じ目標に向かって切磋琢磨することは，かけがえのない経験であり，一生付き合える仲間と出会うことのできる貴重な機会となります。ぜひ，課外活動に参加して，学生生活をより充実したものにしてください。

学生厚生担当では，学生団体の日々の活動や大会・イベントへの参加を支援したり，次期リーダーの素養育成を目的としたリーダーズキャンプを実施することで，学生団体の活動を支援しています。

また，各キャンパスでは学生の仲間づくりのために，新入生仲間づくり支援として新入生歓迎会の開催や，学生団体によるクラブ勧誘会などを実施しています。学生団体への加入はいつでも可能です。

硬式野球部

TDU スペースプロジェクト

フォーミュラ SAE プロジェクト

合同体育祭

鳩山祭（埼玉鳩山キャンパス学園祭）

旭祭（東京千住キャンパス学園祭）

千住本氷川神社例祭神輿担ぎ

さらに，毎年，5月には埼玉鳩山キャンパスグラウンドにおいて合同体育祭，11月には各キャンパスで学園祭を開催しています。

そのほかにも，地域のイベントや祭事に参加することで，学生と地域の交流を支援しています。

2023年度の学園祭は，2022年度に引き続き，対面にて開催し，両キャンパスともに多くの方にご来場いただきました。課外活動や各種イベント・行事もコロナ前の活気を取り戻しています。

経済的支援が必要になったら？

大学での学費は年間，昼間学部では約160万円（初年次，受託諸会費を除く）が必要となり，本学学生の約3

割が奨学金を有効に活用しながら学んでいます。

学生厚生担当では，本学奨学金（貸与（無利子・卒業後５年間で返還）・給付）を紹介しているほか，日本学生支援機構奨学金や民間団体および地方公共団体奨学金の申請手続きに関する支援を行っています。

貸与奨学金については，卒業後，ご自身が返還することになりますので，計画的に活用してください。

なお，自然災害による家屋の被害を受けた場合や，ご両親の失業等で学費納入が困難な場合には，各キャンパスの学生厚生担当に相談してください。

健康相談室・学生相談室

大学キャンパス内において体調がすぐれない，ケガをした場合には健康相談室*を利用してください。

また，修学・学生生活上で悩みがあり，専門のカウンセラーに相談を希望する場合には，ひとりで抱え込まずに学生相談室*を利用してください。

*設置場所
○東京千住キャンパス
　→２号館３階
○埼玉鳩山キャンパス
　→本館１階

健康相談室や学生相談室に来室することができない場合には，学外機関による電話での24時間健康相談サービスやメンタルヘルスのカウンセリングサービス(電話・Web・面談）を行う「こころとからだのサポート24」も利用することができます。

なお，学生生活において，特別な配慮が必要な場合には，各キャンパスの学生厚生担当に相談してください。

ケガ・事故のときには？

皆さんは，学生生活におけるケガ・事故を補償する2つの保険に加入しています。ご自身の事故などによるケガを補償する「学生教育研究災害傷害保険（学研災）」と対人・対物の事故の損害を補償する「学生教育研究賠償責任保険（学研賠）」です。

学生生活のなかで，ケガや事故が起きた場合には，速やかに各キャンパスの学生厚生担当に相談してください。

東京電機大学ってどんな大学? これであなたも「電大通（でんだいつう）」

第1章から第4章まで読んだ皆さん。
大学生として，また電大生としての新しい生活のイメージを
少しでも思い描くことができましたか？
さて，第5章では，百年を超える東京電機大学の歴史について，
さまざまなエピソードもまじえながら紹介します。
さあ，これを読めば，今日からあなたも電大通！

1 東京電機大学はどのようにして誕生したの?

電機学校設立の目的

皆さんは，日本にいくつの大学があるか知っていますか。全部で793校で，そのうち590校が私立大学です（2023年度現在・大学院大学・短期大学・外国の大学の日本校は除く）。つまり，私立大学が全体の約74%を占めるわけですが，その大半は，組織や個人の明確な意志や熱い情熱によって設立されたものです。

東京電機大学の場合はどうでしょうか。ここでは，いろいろな意味で東京電機大学の基礎を形成することになった電機学校を設立するために，創立者となる2人のエンジニア，廣田精一と扇本眞吉が作成し，1907（明治40）年8月30日，東京府知事（現東京都知事）に宛てて提出した設立趣意書から，設立の目的を理解してみましょう。なお，財閥や学者などが設立する私学が多いなか，本学は当初から「技術者による技術者のための学校」であったことにも注目しておきましょう。

廣田精一先生
（ひろた せいいち・
1871～1931）

扇本眞吉先生
（おうぎもと しんきち・
1875～1942）

工業の発展を図るためには，工業教育を広めることがとても大切です。近年，電気と機械分野が発達しつつあり，その結果，工業の全般にわたって世界的に大きな変革が起きています。たとえば，わが国の場合，電信電話，電灯，電気鉄道（路面電車）や各種の動力源として，あるいは紡績，製紙工業などで，こうした変革がますます鮮明になっています。

こうした状況にともなって，電気，機械分野に携わる技術者の需要は，とても高まっています。そこで，現在もっとも必要なことは，こうした技術者を一体どうやって養成するのか，という点に絞られます。①工業というものは，学術が実際に応用されて初めて立派な結果を生み出すことが可能なのです。現在のわが国では，工科大学と高等工業学校（いずれも現在の国立大学）がこうした技術者養成所となっていますが，これらは，ハイレベルの技術者の養成や，電気，機械工学の高度な研究に適した教育機関にほかなりません。つまり，②電気，機械工業一般の普及を目的とした教育機関がとても少ないのが実情です。したがって，多くの人々がこうした方向の勉強をしたいと思っても，なかなか実現できないのです。こうした現状は，今後のわが国における工業の発展にとって大きな障害となる可能性があると思います。我々が今一番心配しているのは，まさにこの点です。そこで，我々は，工業教育の普及に今後尽くしたいと考え，私立の電機学校を設立したいと思います。なお，当校では，③昼間は仕事に従事して勉強の時間が取れない多くの青年に配慮し，夜間教育を実施します。また，とりわけ，④実物を用いた具体的な学習や実際の工場との契約を通じ，実地教育を重視します。つまり，⑤実学によって国家に有為な人材を速やかに養成することを通じ，わが国の電気，機械工業の発展を意図しています。ささやかではありますが，電機学校設立の趣旨は，以上の通りです。

ここで特に着目してもらいたいのは，下線部分（執筆者追記）です。まず，①では，高度の研究だけでなく，実際にそれを応用してこそ工業が本当に発展するとしています。これは，工業に限らず人間活動のあらゆる領域に当てはまることでしょう。まさに「車の両輪」ですね。それから②では，①と密接な関係があるのですが，工業技術を駆使できる技術者養成の教育機関が20世紀初めの時点ではきわめて少なかった事実を指摘しています。ちなみに，当時電気関係の教育を行っていたのは，工手学校*など3校だけでした。また，③と④では，電機学校の特長として，「夜間教育」と「実学」を挙げています。まず，③についてですが，当時の教育制度，いわゆる「旧制」下では，尋常小学校*の6年間だけが義務教育とされており，現在の中学生以降の年代の多くは，社会に出て働いていたのです。したがって，そうした人びとを対象とする夜間教育はとても重要な意味を持っていたわけです。そして，この夜間教育重視の精神は，後述するように，現在の工学部第二部にしっかり継承されます。また，④の実学ですが，これも後で具体的に紹介します。さらに，⑤は，現在の東京電機大学の社会的使命である「技術で社会に貢献する人材の育成」を明確に示したものです。

*工手学校：1887（明治20）年創立・現工学院大学。

*尋常小学校：現在の小学校に相当。

さて，こうした設立趣意書の主張が，実際の電機学校でどのように活かされたかを見てみましょう。

電機学校の特長

夜間教育を実施する

これは，昼間仕事に従事して勉強の時間を見出すことが難しい若者を重視したからです。とはいえ，授業時間は１日３時間に限定し，生徒に過度の負担をかけないよう配慮されました。

休講はしない

教員が休講する場合，必ず別の教員が代講するというシステムです。こうした「学ぶ者の側に立つ姿勢」は，現在の東京電機大学の方針のひとつ，「学生が主役」に活かされていきます。

実学を重視する

電機学校における教育の主な目的は，「現場で活躍できる技術者の養成」でしたから，この点は特に重要とされました。たとえば，水力・火力発電所，各種工場の施設見学による実地教育が行われました。また，校内にも，

実学重視を目指し独自に設計された実験室

ラジオ実験放送

最新式の各種実験装置が設置され，工学教育に利用されました。さらに，わが国ではNHKに先駆けて開始されたラジオの実験放送（1924（大正13）年12月）や社会の注目を集めた高柳健次郎（浜松高等工業学校教授）によるテレビジョンの公開実験（1928（昭和3）年11月）が電機学校で実現したのも，こうした一流の最新設備が整っていたからにほかなりません。

出版部の併設

皆さんも，今後，教科書や問題集などさまざまな教材を使うことになると思いますが，そのなかには「東京電機大学出版局」と印刷されたものも少なくないはずです。これこそ，出版部の現在の姿なのです。ちなみに，わが国の理工系大学中，出版部門を併設しているのは東京電機大学だけという事実は，特筆すべきことといえます。また，1922（大正11）年9月には，理工系図書の出版で有名なオーム社*が設立されます。このように，出版部を母体として，2つの重要な理工系出版社が誕生したことにも注目したいものです。

*オーム社：OHM・オームの法則と扇本，廣田，教頭の丸山のイニシャルをかけている。

創立期の出版物

電機学校の発展

神田小川町にあった正則英語学校*の教室を間借りした電機学校は，1907（明治40）年9月11日の夕方に開校式を挙行した後，夜の9時まで授業が続けられました。生徒数14名，教員数13名でのスタートでしたが，その後1926（大正15）年の春には，在学生（通信教育受講生を除く）が8千人を超えるまでに成長します。

*正則英語学校：現正則学園高等学校。

こうした隆盛の要因としては，すでに紹介したように電機学校がいくつかの独創的な特長を持っていたこと，そして，20世紀初めにわが国の社会が大きく変化しつつあったことの2つが挙げられます。

神田駅まで続いた生徒の列

「電気の時代」の到来

電機学校の創立（1907（明治40）年）までの20年間におけるわが国の電気関連の主要な出来事を，以下に列挙してみましょう。

1887（明治20）年11月	東京電燈株式会社（現東京電力）が，日本橋に日本初の火力発電所を建設し，営業用電灯に電力供給を開始
1888（明治21）年12月	東京・熱海間で公衆電話サービスを開始
1890（明治23）年11月	浅草凌雲閣（りょううんかく・通称浅草12階：東京の高層建築の先駆的存在で，関東大震災により倒壊）に，日本初のエレベーターを設置
1893（明治26）年11月	芝浦製作所（現東芝）設立
1897（明治30）年12月	逓信省（ていしんしょう：郵便，電信，船舶関連の業務を担当した旧中央官庁）が，日本初の無線電信実験に成功
1903（明治36）年8月	東京市外鉄道株式会社が，新橋・品川間に東京初の路面電車を開通させる
1905（明治38）年12月	東京・長崎間に長距離電話が開通する
1906（明治39）年8月	東京・小笠原諸島の父島間に海底ケーブル敷設。これに，アメリカ本土からのケーブル（サンフランシスコ・ハワイ・グアム）が接続され，日本・アメリカ間の国際通信が始まる

「オール電化」といった言葉もよく聞かれる現代の日本ですが，そうしたライフスタイルの原型が，このように電機学校設立前夜に出現しつつあったことは明らかで

すね。ちなみに，文豪，夏目漱石*の小説，『三四郎』*に，上京した主人公の大学生が，路面電車*を多くの人びとが利用する光景を見て驚くシーンがあります。

人びとの日常生活に電気が根を下ろし始めたのですね。まさに，「電気の時代」の到来です！

*夏目漱石：1867～1916。
*『三四郎』：1908（明治41）年に朝日新聞に連載。
*路面電車：通称ちんちん電車。

東京電機高等工業学校の設立

電機学校の主要メンバーが検討した結果，電機学校を存続させる一方で，時代の要請に応えるため，より高水準の教育を行う東京電機高等工業学校が設立されます。1939（昭和14）年4月1日のことでした。同校は，わが国初の私立高等工業学校であったという点で注目されます。ちなみに，設置学科は電気工学科（修業年限3年），入学資格は中学校（現高等学校相当）卒業者でした。これは，官立（国立）の高等工業学校と同じです。なお，当時の高等工業学校は，現在の工科系大学に相当します。そして，10年後の1949（昭和24）年4月，新学制に基づく大学として，現在に続く東京電機大学（電大）が誕生したのです。

このように歴史を振り返ってみると，電大には，2つの系譜*があることがわかります。つまり，ひとつは，電大の土台を築き，そのいくつかの特長を生み出した電機学校であり，もうひとつは，電大に直接継承された東京電機高等工業学校です。前者は「電大の祖父・祖母」，後者は「父母」と言えるかもしれませんね。

*系譜（けいふ）：共通する事柄のつながり。

2 初代学長の丹羽保次郎ってどんな人？

丹羽保次郎の人間形成（誕生～東京帝国大学時代）

文化勲章受章時の
丹羽保次郎先生
（にわ やすじろう・
1893～1975）

ここから東京電機大学に直接関わる事項を説明します。はじめに，東京電機大学の発展に大きな影響を与えることになる初代学長の丹羽保次郎を紹介しましょう。

彼は，1893（明治26）年4月1日，「松阪牛」でも有名な三重県松阪町（現松阪市）に生まれます。父安兵衛は，木綿糸を扱う商人でした。

ところで，丹羽保次郎というと，ファックスの実用化に成功するなど優秀な工学研究者として有名ですから，その人生は，順風満帆*そのものであったかのようなイメージを抱く人も多いかと思います。しかし，彼の前半生は，決して順調なものとはいえませんでした。まず，保次郎が尋常小学校に入学したばかりのとき（7歳），父が風邪をこじらせて肺炎にかかり，他界してしまいます。このため，母むめは質素倹約に徹した暮らしをしながら商売を続け，保次郎を育てるのです。

*順風満帆（じゅんぷうまんぱん）：物事が思いどおり，順調に進むこと。

こうした生活環境の下で小学校を卒業した彼は，当時地元に開校したばかりの甲種工業学校*に入学します。ちなみに，甲種工業学校とは，職業教育を主体とする中等教育機関で，上級学校*への進学を目指すものではありません。このため，同種の学校の卒業生は，高等学校の受験資格がなかったのです。この点が，高校進学の受

*甲種工業学校：現三重県立松阪工業高等学校。

*上級学校：当時の高等学校や大学など。

験資格を得られる中学校卒業生との大きな違いでした。そこで，保次郎は，全国で実施される高等学校受験資格認定試験を1910（明治43）年に受験します。試験は，なんと1週間も続けられ，最後まで残って合格できたのは，全受験者75名中，彼1人でした！

その後，保次郎は，1910（明治43）年に官立（国立）第八高等学校*に入学します。この時期，彼は，犬養毅*，尾崎行雄*，新渡戸稲造*などによる講演を直接耳にしました。

彼は，専門の工学系の勉強はもちろんですが，このようにそれ以外の幅広い世界の知的刺激を受けて，視野を広げていったことが明らかです。これは，とても重要なことです。皆さんのなかに，「電大に入学したのだから，理工系以外の勉強は不要だ」と思っている人はいませんか？　それは，大きな誤解です。なぜなら，そんなことをしていたら，将来，専門以外のことには無関心な，きわめて視野の狭い人間になってしまうからです。保次郎は，確かに優秀な工学研究者として世に名を残しますが，もしも単なる工学の専門家ならば，「技術は人なり」（後で紹介）は決して生まれなかったはずです。

さて，1913（大正2）年7月に第八高等学校を卒業した保次郎は，同年9月，東京帝国大学*電気工学科に入学します。彼の大学生活は，怠惰とは無縁なものでした。この点に関し，地元の新聞に戦後掲載されたエピソードを紹介しましょう。

*第八高等学校：現名古屋大学。

*犬養毅（いぬかい つよし・1855 ～ 1932）：政治家。総理大臣のとき，五・一五事件で暗殺される。

*尾崎行雄（おざき ゆきお・1858 ～ 1954）：政治家。戦前から戦後にかけて長年衆議院議員を務め，憲政の神様と言われる。

*新渡戸稲造（にとべ いなぞう・1862～1933）：思想家，教育者。日本人の魂の分析を行った著書『武士道』で，国際的にも有名。

*東京帝国大学：現東京大学。

〈学生生活は先生の講義を聞くだけではダメ。先生の体験や意見を聞いてそれをじかに吸収し，人間形成に役立てねばならぬ〉。こう決めた（丹羽）博士の東大（東京帝大）での学生生活は大変な努力の連続だった。大学の近くに下宿し，学校から帰ると直ぐ（すぐ）机に向かう。寝るときも枕元に本とノートを置くというあんばい（塩梅，案配，按排・うまく工夫，処理すること）。ある夜，ふと目をさましたが，ノートが見当たらない。とっさに壁に数式を書き込みこれを解いていった。数日前から考えていた数学の問題が夢の中で，ふと解けそうに思えたからである。だが翌日，大学から帰って下宿のおかみさんに怒鳴られた。（以下略）

こうした彼の勉強方法は，誰にでもまねのできるものでないことは確かです。しかし，21 世紀の大学生が，100 年前の大学生をまねて悪いわけではありません。大学生時代は，勉強以外にもたくさんの経験を積めるという意味で大変貴重な時期ですが，やはり大学生としての本分をわきまえることは大切です。保次郎のまねはできなくても，彼の勉学に対する真摯*な姿勢は，おおいに見習うべきだと思います。

*真摯（しんし）：真面目で熱心なこと。

工学者としての丹羽保次郎

ここで，彼の業績を簡単に紹介しておきましょう。まず，東京帝国大卒業後の 1916（大正 5）年 7 月，彼は，電気試験所*に入所し，1924（大正 13）年 6 月に退所します。この間に，彼は NS 透磁計の開発などで注目されます。これは，金属の磁気を測定する計器ですが，その精度の高さから，国際的にも高く評価されます。そして，

*電気試験所：1891（明治 24）年逓信省によって設立され，現在は独立行政法人産業技術総合研究所。

同試験所退所後，彼は，日本電気*に就職し，1947（昭和 22）年 6 月まで在職します。この間の最大の業績が，NE 式写真電送（ファックス）の発明であったことが知られています。画像を電気的に遠くに送るという着想は，19 世紀の前半からあったのですが，それを実用レベルにまで高めたのが丹羽保次郎（共同研究者の 1 人）だったのです。

*日本電気：略称 NEC・1899（明治 32）年設立。

開発したファックスと丹羽先生

丹羽保次郎と「技術は人なり」

彼は，1949（昭和 24）年 4 月，新制大学として誕生した東京電機大学の初代学長に就任します。

ところで，敗戦後のわが国は，事実上アメリカの管轄下にあり（アメリカの占領統治は，6 年以上におよぶ），工業技術の領域においてもさまざまな制約を受けていました。たとえば，航空機の研究，開発，実験などは，敗戦後，約 7 年間にわたってすべて禁止されていたのです。

こうした状況下で，当時の理工系学生の大半は，自分たちの将来に大きな不安を抱えていました。この点を念頭に置いたに違いない彼は，1947（昭和 22）年 1 月，『技術のすがた』（科学新興社）というタイトルの小冊子を公刊します。なかでも「若き技術者のために」の章は，その冒頭に「私は，これからの科学技術の時代に，自らの一生をそこに捧げんとする*，若き技術者のために」とあるように，理工系の勉強をしている若者に対する彼自身の真剣な思いが示されています。そして，特に第2節が要注目です。

*捧げようとする

ここでは，自然科学と人文科学の特徴が示され，一見まったく性格が異なるように思える両者だが，実は，それぞれの分野における作り手の構想や個性がその製品や技術，あるいは作品に反映されるという点では共通していると述べ，結論が続きます。

> 要するに，私は技術も文学や美術と同じく，やはり人が根幹をなす（物事の中心となる）ものであることを申し述べたいのであります。すなわち，〈技術は人なり〉と言いうる（言える）のです。立派な技術には立派な人を要するのです。よき技術者は人としても立派でなければならないのです。ですから技術者になる前に〈人〉にならなければなりません。技術者は常に人格の陶冶（じんかくのとうや・人の性格や能力をしっかりと育てること）を必要とするのです。かく（このように）技術は技術者の人格のあらわれであり，精魂（たましい・精神）の結晶でありとするならば，いかなる技術製品もこれが単なる金属の集合であり，機構の組合せであると見ることはできないのです。すなわち工作機にしろ，電気の機械にしろ，なんでもその中に技術者の精神がこもっているのです。単に設計ばかりでなく，その製作に当たっても，工員の精神がその一つひとつにこもって出来上がっているのです。またそういう製品でなければ，立派な技術製品ではないのです。

これは，とりわけ，将来技術者になることを夢見て東京電機大学に入学したばかりの皆さんに，ぜひ理解し，覚えてもらいたい珠玉*の名言*だと思います。そして，前述したように，丹羽保次郎が第八高等学校時代から文理を問わず幅広い領域に関心を抱くことができたからこそ，こうした発想が生まれたことは明白ですね。東京電機大学関係者なら，「技術は人なり」は何度も耳にする言葉ではありますが，そこに込められた丹羽初代学長の熱い思いを改めて感じてほしいものです。

*珠玉（しゅぎょく）：りっぱなもののたとえ。
*名言（めいげん）：人が進むべき正しい道を適切に表現した言葉。

1959（昭和34）年ごろ研究室で学生を指導する丹羽学長

3 東京電機大学はどのようにして発展してきたの?

東京電機大学の変遷と発展

入学後の皆さんは，東京千住，埼玉鳩山どちらかのキャンパスで学ぶことになります。ここでは，前者への移転によってその使命を終えた東京神田キャンパス，埼玉鳩山キャンパス，そして東京神田キャンパス同様に東京千住キャンパスに発展的解消を図った千葉ニュータウンキャンパスの計3キャンパスについて紹介しましょう。

東京神田キャンパス (1926年4月～2012年3月)

電機学校

都内千代田区神田錦町にあった同キャンパスは，戦後誕生した東京電機大学にとっても，いわば，その核を構成するものでした。現在，「電大」「電大生」という言葉が広く使われているように，本学を代表するのは，東京電機大学ですね。しかし，本章を読んできた皆さんなら，電機学校こそが，その発展の原動力となった事実がわかるでしょう。同校は，1945（昭和20）年10月に戦後の新学期を迎えますが，敗戦後の社会の混乱を背景として，登校した生徒はわずか数十名という多難なスタートでした。しかし，その後，教育内容をいっそう充実させた結果，電験三種*の1次試験免除の権利が与えられます。この

*電験三種：第三種電気主任技術者資格のひとつで，主にビルや工場に設置されている高圧受電設備の保守，管理を独占的に行う。

特典は，同種の学校のなかで電機学校のみが獲得したものです。これも，同校が社会のなかで高く評価されていた証といえます。しかし，1960 年代半ばから本格化する高度経済成長にともなう大学進学率の上昇などを背景として，電機学校は，その歴史的使命を終えました（1992（平成 4）年）。とはいえ，その建学の精神や時代を先取りした独創性が東京電機大学のなかにしっかりと根を下ろしていくことは，言うまでもありません。

工学部第一部（現工学部）

現在の工学部は，全 6 学科とこれに関連する大学院*によって構成され，充実した教育と研究を展開していますが，その原型は，1949（昭和 24）年の東京電機大学誕生に遡ります。当初の東京電機大学は工学部のみであり，電気工学科と電気通信工学科の 2 学科構成でした。その後，電子工学，機械工学，応用理化の計 3 学科が順次増設され，1965（昭和 40）年には，精密機械工学科と建築学科が加わります。また，1962（昭和 37）年に竣工した 5 号館（地上 9 階・地下 1 階）には，他大学に

*大学院：博士前期課程＝修士および博士後期課程＝博士。

旧東京神田キャンパス・本館玄関

先駆けて電子計算機センターが開設されます。さらに，1968（昭和43）年に完成した新7号館（地上11階・地下1階）には，教育工学センターが設置されます。約700台の有線テレビと200ブースのLL教室を集中コントロールする同施設は，社会の注目をおおいに集め，見学者が絶えませんでした。ちなみに，この新7号館は，その後東京神田キャンパスの中枢としての機能を果たすことになります。時代の変遷に対応して学科名称や教育内容の変更は当然あるものの，現東京千住キャンパスを構成する複数の昼間学部や諸学科の輪郭は，1960年代にはほぼできあがってきたとも考えられます。

旧東京神田キャンパス
11号館

　さて，1990年代に入ると，時代の要請を背景として大学院修了者の需要が急増します。工学部の大学院（工学研究科）もこれに対応し，電気電子工学，電子システム工学，物質工学，機械工学，先端機械工学，情報通信工学の6専攻を設置し，充実を図っています。

工学部第二部

　同学部が，すでに紹介した電機学校の一大特長である夜間教育を色濃く継承，発展させていることは明らかです。その発足は，1952（昭和27）年4月で，当初は電気工学科のみの構成でした。その後，1961（昭和36）年には，電気通信工学科が，さらに翌1962（昭和37）年には，電子工学科および機械工学科が加わり，2008（平成20）年には電気と電子の2学科が統合され，電気電子工学科となりました。こうして，現行の同学部構成の基礎が固まったのです。

　さて，夜間教育を核とする同学部に関連して注目すべき事実は，わが国初の夜間大学院（修士課程）の設置でした。これは，当時理事長を兼任していた丹羽学長をはじめとする東京電機大学関係者が尽力した結果でした。1958（昭和33）年3月に設置が認可された後，同年4月27日に入試が行われました。志願者は，すべて企業や学校に勤務する社会人でした。また，工学部第二部から昼間部（工学部第一部）への転部も，本人の学力や経済事情などの条件を満たせば可能としたことも，当時の同種の他大学には見られなかった特色といえます。

未来科学部

本学開学100周年を迎える2007（平成19）年，建築学科，情報メディア学科，ロボット・メカトロニクス学科の計3学科によって構成される未来科学部が新設されます。同学部の目的は，未来の生活環境を創造する技術者の育成です。未来の生活環境とは，居住空間（建築），知の空間（メディア），行動空間（ロボティクス）の融合によって創造されると考えられます。したがって，これら三空間を相互に関連づけてデザインすることで，今後産業界からの需要が見込まれる新領域に対応できる人材を養成することこそ，同学部がもっとも重視する点です。これを実現するため，特色ある教育システムが導入されます。たとえば，「新入生対象の入学前教育」「3学科横断的な総合教育科目の導入」「学部と大学院修士課程まで一貫したカリキュラムの採用」などでした。大学院も整備され充実を図っています。

東京神田キャンパスの意外な事実

①皆さんにもおなじみの街,〈Akiba〉(秋葉原)。ここは,世界有数の電気街であり,また近年は,アニメ,コミック,メイドカフェなど新しい日本文化の発信地として国際的にも有名です。実は,この街,終戦直後に当時まだ貴重だったラジオの組み立てに必要な電子部品を近所の東京神田キャンパスの学生が購入することで,急速に発展します。つまり,〈Akiba〉の育ての親は,東京神田キャンパスに通う学生たちだったのです。

②今でこそ「パソコン」を知らない人はいませんが,このパソコンブームの火付け役となったのは,1970年代(昭和50年代)に,東京電機大学工学部の安田寿明*助教授(当時)が著した『マイ・コンピュータ入門』*ほかの本でした。その後,多くの東京電機大学卒業生がIT業界で活躍することになります。

*安田寿明:やすだ としあき・1935〜。
*安田寿明『マイ・コンピュータ入門――コンピュータはあなたにもつくれる』講談社,1977。

東京神田キャンパスを卒業した著名人の紹介

● 樫尾俊雄(かしお としお・1925〜2012)

東京府東京市京橋区(現東京都中央区)生まれ。1940(昭和15)年に電機学校を卒業後,逓信省*に就職。1946(昭和21)年,兄の設立した樫尾製作所(現カシオ計算機)に参加。開発部門のトップとして会社の発展に大きく寄与し,カシオミニやG-SHOCKなどのヒット商品も同社から生み出された。東京千住キャンパスには,彼の名を冠したカシオホール(1号館3階)がある。

*逓信省(ていしんしょう):郵便,電信,船舶関連の業務を担当した旧中央官庁。

● 清水康夫(しみず やすお・1954〜)

群馬県生まれ。1978(昭和53)年工学部卒業。本田技術研究所主任研究員を経て,2014(平成26)年6月より,東京電機大学工学部先端機械工学科教授。世界に先駆けて電動パワーステアリングの開発に成功。この結果，自動車の燃費向上や二酸化炭素排出量の削減などに大きく貢献する。

埼玉鳩山キャンパス（1977年4月～）

理工学部

東京電機大学は，1963（昭和38）年から翌1964（昭和39）年にかけての時期，埼玉県比企郡鳩山村（現鳩山町）に約32万㎡（約9万7千坪）の校地を取得し，理工学部を開設します（1977（昭和52）年4月）。

同学部は，「工学の基礎となる理学を導入し，教育研究の新分野の開拓を図るとともに，既設学部の充実向上を併せて促進し，建学の精神に沿って全体としてバランスのとれた理工系総合大学とする」を目的に掲げました。「理工系総合大学」の雄*として発展を続ける現在の東京電機大学ですが，これを具体化する端緒となったのが理工学部といえるでしょう。ちなみに，開設当初の学部構成は，経営工学科，数理学科，建設工学科，産業機械

*雄（ゆう）：強く優れた存在。

埼玉鳩山キャンパス

工学科の計4学科でした。その後も，社会の技術者需要の高まりを背景として，同学部の発展，充実が続きます。1986（昭和61）年4月には情報科学科と応用電子工学科が，2000（平成12）年には生命工学科と情報社会学科がスタートしました。その後2007（平成19）年に学系制となり，現在は理工学科のもと，理学系，生命科学系，情報システムデザイン学系，機械工学系，電子工学系，建築・都市環境学系となっています。さらに，大学院（理工学研究科）に関しても，1980年代よりいっそうの充実が図られ，それぞれの上に博士課程まで設置されます。こうして，総合理工学分野の教育研究体制が完成していくのです。

埼玉鳩山キャンパスを卒業した著名人の紹介

● 平野聡（ひらの さとし・1957～）

福岡県生まれ。1982（昭和57）年理工学部卒業。TOPCON（トプコン）代表取締役社長として，同社の成長を牽引する。同社は1932（昭和7）年に設立。現在は，海外事業比率79%，技術者の75%はグローバル人財（ノンジャパニーズ）を活用。「医・食・住」に関係する社会的な課題解決を提案するベンチャー企業的ソリューションビジネスを展開している。創業91年の国際的にも有名な精密機器メーカー。

千葉ニュータウンキャンパス（1990年4月～2018年3月）

さて，埼玉鳩山キャンパスに続き，東京電機大学は，千葉県印西市の千葉ニュータウン地区に新たな校地を取得し，1990（平成2）年4月より工学部第一部1年生の教育がスタートします。ちなみに，同キャンパスで新たに導入された「ワークショップ」科目は，工学を学ぶ者にとっての基本である「ものづくり」体験重視の姿勢を具体化したものでした。そして，2001（平成13）年4月には，情報環境学部（情報環境工学科・情報環境デザイン学科）が設置されます。その後2006（平成18）年には，情報化社会の進展に対応して改編が実施され，情報環境学科のみの1学科3コース制（ネットワーク・コンピュータ工学，先端システム設計，メディア・人間環境デザイン）となります。しかしながら，18歳人口の減少を背景とする首都圏主要大学の都心回帰傾向が強まるなか，東京神田キャンパスと千葉ニュータウンキャンパスの諸機能は，2012（平成24）年4月に開設された東京千住キャンパスに集約されます。なお，情報環境学部も，2017（平成29）年度には募集を停止し，同年新キャンパスに開設されたシステムデザイン工学部に継承されていきます。

東京千住キャンパスへの移転（2012年～）

東京電機大学は，学園創立100周年を機に，2012（平成24）年4月に東京千住キャンパスを開設しました。工学部，工学部第二部，未来科学部の3つの学部が，長年慣れ親しんだ東京神田キャンパスに別れを告げ，新天地に移転したのです。

新キャンパスは，6つの路線が乗り入れるターミナル駅である北千住駅から徒歩1分という好立地にあります。学生や地域の人びとのコミュニティの核となる，オープンで安全なキャンパスとして，世界的建築家の槇文彦氏

東京千住キャンパス

の設計により，環境との融合のために緑豊かに，そして省エネ，エコに配慮してデザインされています。先進的なキャンパスは社会の注目や評価を集めていて，多数の賞を受けたほか，たくさんの見学者を受け入れています。

2017（平成 29）年には，5 号館が完成し，教室，ゼミ室，実習室，ものづくりセンターなどが設置されたほか，地域の人びとに広く利用していただけるスポーツクラブなども開業しました。

新学部の開設（2017 年）

システムデザイン工学部

5 号館の完成にあわせて，2017（平成 29）年 4 月には IoT *時代の新たなニーズに応える教育・研究をさらに充実するため，システムデザイン工学部が開設されました。人間科学と人工知能から生まれる未来社会をデザインし具現化する力を養う情報システム工学科とデザイン工学科で構成され，大学院も整備されています。

＊IoT（Internet of Things）：あらゆるものがインターネットに接続され，情報機能を高めるようになることを指す。

また，それと同時に，情報環境学部が千葉ニュータウンキャンパスから移転しました。

 新たな時代を創造する東京電機大学

東京電機大学は，これまでのものづくりの伝統を情報技術とさまざまなかたちで結びつけ，新たなイノベーションを先導するとともに，時代にふさわしい高いコミュニケーションの力を身につけた技術者を育てていこうとしています。

4 東京電機大学で学ぶ

歴史と伝統を受け継ぐ

さて，東京電機大学のこれまでを振り返って，どのように感じたでしょうか。110年を超える歴史のなかで，「技術で社会に貢献する人材を育てる」という理念はぶれずに，しかし，社会の変化や時代の求めに柔軟に応じながら，たくさんの人びとが世の中に羽ばたいていったことをよくおわかりいただけたのではないかと思います。

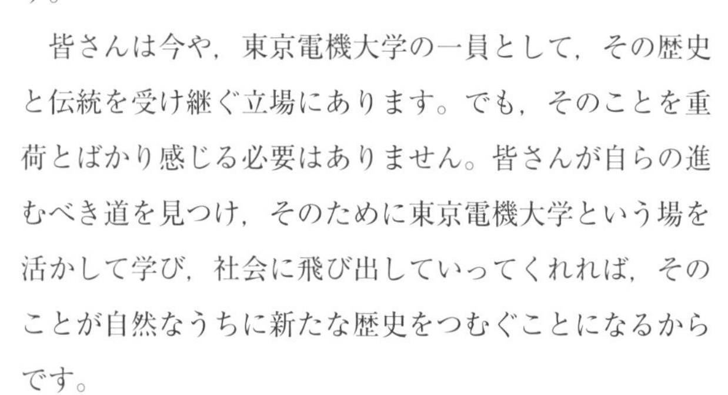

皆さんは今や，東京電機大学の一員として，その歴史と伝統を受け継ぐ立場にあります。でも，そのことを重荷とばかり感じる必要はありません。皆さんが自らの進むべき道を見つけ，そのために東京電機大学という場を活かして学び，社会に飛び出していってくれれば，そのことが自然なうちに新たな歴史をつむぐことになるからです。

技術で社会に貢献する人材

ところで，「技術で社会に貢献する人材」とはどのような人たちをいうのでしょうか。

「科学技術」という言葉があるように，現代の技術は科学の知識を応用してつくられ，使われています。特に日本では「理系」「文系」という分け方がよくされることもあって，科学と技術は同じようなものだと思っている人もいるかもしれません。

しかし，技術は，具体的な課題，問題の解決を可能にし，人びとに利益をもたらそうとする点で科学とは大きな違いもあります。科学は自然の法則を明らかにすることそのものを究極の目的としていて，その知識が直接的に私たちの「役に立つ」かどうかは二の次だともいえるからです。

したがって，技術者は常に，「どんな問題を解決することが求められているのか」「誰がそれを必要としているのか」，そして「どうやってそれを解決するのか」という問いを考え続けなければなりません。

皆さんは東京電機大学での学びをとおして，こうした問いに答えるための準備をしていくことになります。そして，それは皆さんが何を学び，どのような進路を描くかとも深く関わっているのです。

土台をつくる

とはいえ，どのような問いに答えようとするにしても，実際にそれができる能力がなければなりません。そして，専門分野や進路にかかわらず，技術者である以上は必ず共通して必要になる能力というものもあります。

そうした能力とは，たとえば，理工系の研究や仕事にとって「世界共通の言葉」である数学の力であったり，物理・化学・生物など自然科学の主な分野についての基礎的な知識であったり，あるいは，科学的に問題を分析し，解決するための実験の能力や，ものづくりの基礎的な力だったりします。

こうした能力を身につけるための科目を東京電機大学では特に重視し，学生の皆さんにしっかりと学んでもらうことにしています。土台がしっかりしていなくては，その上にきちんとしたものを建てることは決してできず，結局，皆さんが技術者としてひとり立ちできなくなってしまうばかりか，未熟なまま技術にたずさわることは，時に人びとや社会に取り返しのつかない損害を出してしまうことさえあるからです。

数学科目や専門基礎科目，実験・実習科目などは，必ずしも目新しい興味関心をひくものとは映らず，人によっては苦痛に感じることもあるかもしれません。

しかし，技術についての学びを始めるからには，土台をしっかりつくることは，将来の進路にかかわらず必須のことです。東京電機大学では，皆さんの学習を支えるためのしくみもさまざまに用意していますから（たとえば学習サポートセンター），そうしたしくみも活用して，しっかりと土台を固めてください。

また，東京電機大学では，こうした力を養うための修学基礎科目として「東京電機大学で学ぶ」という科目を開講し，すべての新入生に履修の機会を提供しています。この科目はあらゆる分野に共通する，学ぶための力，そして社会に出てからも大切な，他者と協力して仕事をするためのコミュニケーションの能力を養う機会となるものです。この科目での学習も「土台をつくる」ためにおおいに役立つことでしょう。

視野をひろげる

土台をつくる努力をしっかりと積み重ねつつ，それと同時に積極的に取り組んでほしいのが，視野をひろげることです。現代の社会で解決が求められる問題はほとんどすべて，専門分野とか国境とか，あらゆる境界を越えた取り組みを必要としています。

東京電機大学では，学生の皆さんに視野をひろげてもらうために，語学，資格，人文学・社会科学など技術に関わりのあるさまざまな分野についての科目，また，工学のなかでも従来の分野の垣根を越えた学びができる科目を創意工夫して幅広く提供しています。たとえば，前に述べた修学基礎科目「東京電機大学で学ぶ」は，皆さんの視野をひろげるのにおおいに役立つでしょう。この科目では，社会で活躍する本学 OB を含めたさまざまな方々の講演，学内外で活躍する教員による技術や工学をめぐる最新の動きについての講義，学生の皆さんどうしの対話など，みなさんが将来を考える際にも役立つさまざまな要素が授業の中にふんだんに組み込まれているからです。

さらに，授業科目以外にも，さまざまな学内での学術行事や国際交流を行い，学生の皆さんの積極的な参加を促していますし，学生の皆さん自身による自治活動やサークル活動などもそうした学びの場となるでしょう。

社会に出てからも視野をひろげ，さまざまな見識を深めることは大切ですし，可能ですが，大学という環境に学生として身を置く今はまたとない好機です。このチャンスを活かして，おおいに取り組んでみてください。

道を見定め，きわめる

土台をしっかりつくりながら視野もひろげていくと，自ずとはっきりとしてくるのが皆さん自身の進路です。上級学年に進めば，就職や進学なども具体的に意識されるようになり，進路について考えることも多くなると思います。

自分はどのように社会に貢献するのか，技術について学んだことをどう活かすのかが問われる時期になります。

そして，自らの道をだんだん見定めてくるころには，皆さんの大学での学びも総仕上げへと進むことになります。卒業研究や卒業制作などのかたちで，学んだことのすべてをひとつに結実させるのです。

研究室に配属され，先輩たちや先生方との絆を深めながら，皆さんひとりひとりがオリジナルの成果物をつくらねばなりません。骨が折れ，苦労も多いけれども，達成のよろこびもひとしおとなるでしょう。

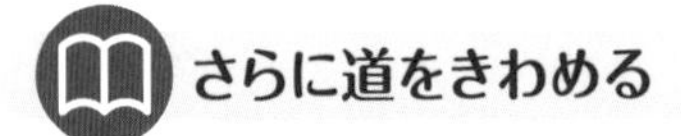

さらに道をきわめる

学部教育を終えて学士の学位を取得して社会に出る皆さんは，そこから社会人としてのキャリアが始まります。技術者として直接的に技術にたずさわり続ける人もいるでしょうし，技術について学んだことを活かして，関連する仕事に就く人もいるでしょう。いずれにせよ，「技術で社会に貢献」するときが来るのです。東京電機大学の先生方も，先輩方も，後輩も，そして皆さんのご家族も，誰もが皆さんの活躍を応援しています。

ところで，皆さんのなかには，「さらに技術についての学びを深め，道をきわめたい」という人もいるでしょう。そういった人のために用意されているのが，大学院です。修士号の学位の取得を目指す修士課程，さらには博士号の学位の取得を目指す博士課程が用意されています。

大学院での学びは，いっそう「研究」へと近づきます。自ら問いを立て，自らの力で答えを見出していきます。すでに明らかになっていることを学習によって身につけるのではなく，今度は自分自身が知識を生み出す側に回ることになります。工学の研究を独力で遂行し，問題を実際に解決できることが，工学の修士号や博士号を取得するということなのです。

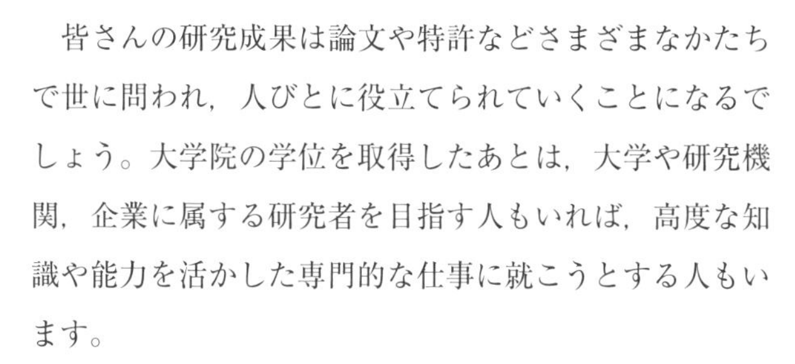

皆さんの研究成果は論文や特許などさまざまなかたちで世に問われ，人びとに役立てられていくことになるでしょう。大学院の学位を取得したあとは，大学や研究機関，企業に属する研究者を目指す人もいれば，高度な知識や能力を活かした専門的な仕事に就こうとする人もいます。

高度な技術に支えられている現代の社会では，多くの企業が高度な知識や技能を身につけた大学院修了者を求めています。大学院への進学をさまざまなかたちでサポートする多くの制度もありますから，さらに道をきわめたいという人は，ぜひ積極的に検討してみてください。

学び直すために学び舎に戻る

ところで，大学を出て社会に出たあと，再び大学に戻って学ぶなどということはありえないことでしょうか。

まったくそんなことはありません。この章で説明したように，本学はもともと，現場で活躍する技術者のために設立されました。その理念に基づき，電大は現在でも，社会人の学びのためのさまざまなしくみを提供しています。

4年制の夜間学部で実学教育を学ぶ工学部第二部社会人課程（実践知重点課程）や，1年から2年の期間で，現場で役立つ専門知を学べる「実践知プログラム」，半年の学習で個別の科目の正式な単位認定を受けられる「科目等履修生制度」などはその代表です。

そのほかにも，研究推進社会連携センター（CRC）での生涯教育への取り組み，大学や各学部主催の講演会やセミナーなど，さまざまな機会があります。

卒業後も大学のWebページをたまにのぞいてみるなどして，情報を集めてみてください。

人びとの寿命が長くなり，他方で社会や技術の変化がいっそう大きくなるなかで，人生のなかで何度も学び直すことの必要性が広く認識されはじめています。

社会に出た皆さんが将来，再び学ぶために戻ってきてくれることを，電大は心からお待ちしています。

先輩たちからのメッセージ

さて，この章の最後に，皆さんの先輩たちが，卒業式の際に大学での学びを振り返って寄せてくれたメッセージをいくつか紹介しましょう。皆さんのこれからの学びの励みになればうれしく思います。

東京電機大学に関わるすべての人びとが皆さんの入学を歓迎し，これからの学びを応援しています。ぜひ，有意義な大学生活を過ごしてください。

入学当初，第一志望でなかったとネガティブになっていましたが，卒業を迎えた今となっては，東京電機大学に愛着を持っていますし，この大学に入れて幸せに思います。

つらい授業も多かったですが達成感も大きかったです。就職活動も安心です。

大学全体を通してレポートが多く大変だったが，忙しい中での時間の使い方や情報をまとめる事の重要性など根本的な思考力を鍛えられた。

私たちが立派なエンジニアになれるよう，たくさんの工夫があり，学問への興味，親しみなどが盛りだくさんです。そしてもうひとつ素晴らしい面は友達がたくさんできることだと思います。貴方が夢に向かって進めるよう，心から応援しています。

自分で未来を切り拓こう

学校法人東京電機大学 理事長
石塚 昌昭

自分を見つめて卒業後に何をしたいか見つけよう

この本を読み進めて理解してもらえたと思いますが，皆さんは高校生のときとは，だいぶ違う日々を送ることになります。

大学生活を通して幅広い学問を身につけて，社会に出て活躍してほしいと期待しています。理事長の私をはじめ大学の教職員は，新入生の皆さんを大歓迎していますし，大学生活を満喫して，大いに成長してもらうためのお手伝いをします。

理事長の役割は，教育・研究に関係する施設や設備などの環境を整えて，学生の皆さんが快適な活動ができるようにすることだと考えています。

本学には教育・研究について優れた見識を持たれた先生方が，学長をはじめとして大勢おります。今後，その先生方の授業を受けるなかで，自分が将来どんな分野に進みたいのか，十分考えて決めてもらいたいと思います。

入学したのは岩戸景気，卒業時は不況に突入

私は，1959（昭和 34）年に本学に入学し，1963（昭和 38）年に電気工学科を卒業しました。

皆さんは「岩戸景気」という言葉を聞いたことがありますか。1958（昭和 33）年 7 月～1961（昭和 36）年 12 月までの 42 か月の好景気の時期をいいます。この時期

には,「中流階級」「スーパーマーケット」などの言葉が世間を賑わせました。

その後は不況に突入し,国債の大量発行で不況を乗り切る政策がとられた結果,景気が回復し,1965(昭和40)年から「いざなぎ景気」が57か月続きます。

なぜこんな日本神話の名を借りた景気の話をするかといいますと,大学在学中の4年間に世の中が大きく変わっていくことを体験したからです。

どこの企業でも景気が良いときは,採用人数を増加させ,不況になると減少させる傾向があります。

私が就職した電気設備工事の会社も同期採用者の人数は,翌年の1964(昭和39)年に東京オリンピック開催を控えているにもかかわらず,2年先輩の半分の人数でした。

現在の本学の卒業生は,理工系大学で学んだ強みを生かして,比較的恵まれた中で就職活動を行ってきました。しかし,皆さんが就職活動に触れるのは3年後ですから,状況は変わっているかもしれません。本学は,卒業生の活躍もあって,就職には自信を持っていますが,合否の決定は企業側が握っています。

どんな状況でも企業は,将来を託せる人材は採用するでしょう。

では,企業はどんな資質を持った人材が欲しいのでしょうか。そのひとつが課題解決型の人材といわれています。専門知識以外にも幅広い見識があって,グループの中で成果を上げることができる資質を備えた人,ということになります。何を知っているかではなく,「何ができるか」なのです。

先生方も建学の精神である「実学尊重」のもと，皆さんの授業の中にも取り込まれると思います。

どんな分野にでも触れて，興味を持ったら「何ができるか」を追及してみてください。

●●● 後悔したこと

私が大学に入学したときは景気の先行きなど気にしたこともありませんでしたので，趣味のオーディオ製作の部品購入資金をどうやって手に入れるかを真剣に考えました。当時は家庭教師のアルバイトもありましたので，それを週２日２組，春夏冬の休みの日は，知りあいの弁護士さんの事務所での手伝い。その合間に大学の勉強をするのでは成績が良いはずはありませんし，友人との付き合いもできません。

優先順位を間違えていました。企業を退職して同窓会などに参加したときにわかったことですが，同級生が活躍していた企業は，大手電機メーカーをはじめ，特化した技術を持った企業，著名な設計事務所，大手工事会社などが軒並みでした。友人関係が直接仕事に結び付くことなどありませんが，同じ業界や関連分野の中に友人がいることの意義は，企業に勤める年数が増すほど価値が高くなります。

今の学科のクラスメイトは，同じような分野を何十年も共に歩むことになります。

４年後には，同じ会社や団体に所属することになるかもしれません。ライバルと考えるか，同僚と考えるかの違いはあっても，友人であることに変わりはありません。

私は在学中に，もっと大勢の友人と付き合いを持てたら良かったと，後悔しています。

ピンチの先にチャンスがある

入社10数年ごろに，今でいう省エネルギービルの電気設備工事の責任者をしたときのことです。完成した建物に取り付けた最新鋭の電子回路蛍光灯が，突然パラパラと消え始めたのです。電子デバイスの損傷です。メーカー側は製品のテストを繰り返して原因を追究しましたが解明できませんでした。外部要因による疑念が濃厚となり徹底した調査を開始しましたが，決め手になる異常状態が起こりません。それにもかかわらず，毎日何台かが破損するのです。24時間体制で各種測定器を駆使して調査した結果，雷サージには耐えられるデバイスが，低圧コンデンサーの開閉サージには耐えられないことがわかりました。直ちに回路設計も含めた改良が施され，新製品に反映されました。

ユーザーには迷惑をかけましたが，原因判明後のメーカーの機敏な対応と開発力には感心しました。自分としては，原因を究明できたこと，新システムの開発につながったことへの満足感を体験することもできました。原因不明などはないと，信じたことが成果につながったと思います。あきらめてはいけないことを学んだ気がしました。

電大卒業生の絆

新入生の皆さんに卒業後の話をするのは早いかもしれませんが，知っていてほしいことがいくつかあります。

電大の卒業生数は約23万人ですが，卒業すると全員が「校友会」の会員になります。正式には，「一般社団法人東京電機大学校友会」といいます。私は10年ほど前に校友会の代表をしておりましたので，県支部の集まりに参加しました。支部長さんのほとんどは，放送会社の元社長，市電鉄の社長，地元工場の社長など，長年地元で活躍してきた県の名士の方々です。就職後，地方転勤などの機会には，ぜひ県支部の会合に顔を出してみてください。大歓迎に加えて地元情報をふんだんに提供してくれます。

また，学校主催の卒業生の会合には，「ホームカミングデー」があります。コロナ下ではオンライン開催でしたが，多くの卒業生が母校に一堂に会し，毎回盛況です。

企業の中で電大卒業生の会を作って，懇親とともに皆さんのような後輩の就職支援をしようと活躍しているグループも40以上あります。卒業生が母校を支援する組織を持っている大学の中でも本学は抜きんでていると思います。

まだあります。企業経営に携わっている役員の会は「東京電機大学経営同友会」といいますが，現在100名以上が会員となっています。この会で主催する著名人の講演は定評があります。一般に公開しており，学生の皆さんも聴講することができますので，機会を作って参加してみることをおすすめします。

●●● やりたいことを見つけよう

校歌にもあるように，「めぐる四季　時間は早し」です。将来，何をやりたいか，決断は自分でしかできません。

有効な4年間であることを期待しています。

読書案内

本を読むことは人の幅や奥行きを深くします。「技術は人なり」の「人」，つまり人間性を高めるためには，人と接したり，読書したりする経験が大切になります。読書は時間と距離を超えてさまざまな知識を得ることができ，あなたの視野を広め人生を豊かにしていきます。

ここに，本書の執筆者から皆さんのために推薦いただいた本を紹介します。一人でも，仲間とでも，ぜひ読んでみてください。

●総記

『本を読む人だけが手にするもの』

藤原和博著，ちくま文庫，2020 年

大学生のレポート評価で，ある実験が行われました。「英語の早期教育」について，あなたの論旨と意見を A4 レポート用紙 1 枚（1,500 字以内）にまとめてくださいという内容です。

対象学生の中には，1 日の読書時間が 0 時間の学生から 2 時間の学生まで含まれていました。驚きの結果が出ました。206 ページを読み終えた後には，大切な時間の削り方が変わるかもしれません。

『AI vs. 教科書が読めない子どもたち』

新井紀子著，東洋経済新報社，2018 年

入試問題を AI により解く研究のプロジェクトリーダーであった著者は，AI に得意・不得意があることを明らかにしました。人間は AI に負けないと思いたいところですが，AI に不得意とされる「読解力」の能力が，子どもを中心に低下しています。本書は，AI の特徴を学べることに加え，これから AI 時代に人間は何を学ぶべきかを示唆しています。

『絵と図でわかる AI と社会
——未来をひらく技術とのかかわり方』

江間有沙著，技術評論社，2021 年

2023 年には ChatGPT が話題になり，その利用が一挙に普及するなど，AI（人工知能）がいよいよ私たちに身近なものとなってきています。

本書は，AI が社会を映す「鏡」でもあるという視点から，AI とのかかわり方について私たちが知っておくべきこと，考える必要があることを図表も多用してわかりやすく解説しています。

●哲学

『さあ、才能に目覚めよう 新版
——ストレングス・ファインダー 2.0』

トム・ラス著，古屋博子訳，日本経済新聞出版，2017 年

自分の将来を見据えたときに，自分自身を見つめ分析することはとても大切な作業になります。できないことや苦手なことを克服することも大切ですが，自分の強みを知って，さらに強化できると，とても自信を得ることができます。本書は，自己分析をするうえで「自分の才能を知る」という視点で自己表現の手助けになる本です。

『20 代にしておきたい 17 のこと』

本田健著，だいわ文庫，2010 年

20代にしておきたい
17のこと

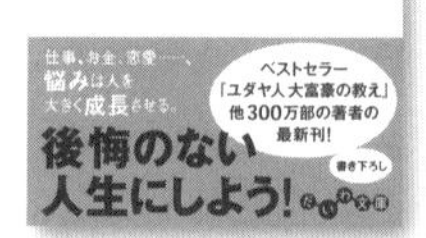

日常生活の中で，ふと「今の自分のままで良いのか」と不安に感じることがあるかもしれません。本書では，著者自身の考えや 30 代以上のさまざまな世代へのインタビューなどをもとに，20 代のうちに経験しておくべきことが簡潔に紹介されています。

今後，どのように生きていくべきか，自分の幸せとは何かについて考え，悔いのない学生生活を送るために，その行動を起こすきっかけを与えてくれる一冊です。

『新版 20 歳のときに知っておきたかったこと スタンフォード大学集中講義』

ティナ・シーリグ著，高遠裕子訳，CCC メディアハウス，2020 年

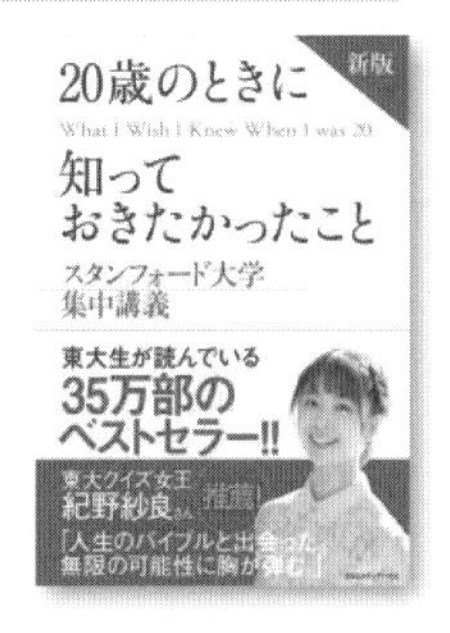

高校までは答えは 1 つで他は間違いという問題がほとんど。しかし世の中には，答えが 1 つでない，いや何通りもある問題がほとんどです。著者がスタンフォード大学の学生に出した問題は「手元に 5 ドルあります。2 時間でできるだけ増やしてください」。あなたならどうしますか？　多分，あなたが今まで考えたこともなかったことが書かれています。

●歴史

『ローマ人の物語 IV ——ユリウス・カエサル ルビコン以前』

塩野七生著，新潮社，1995 年

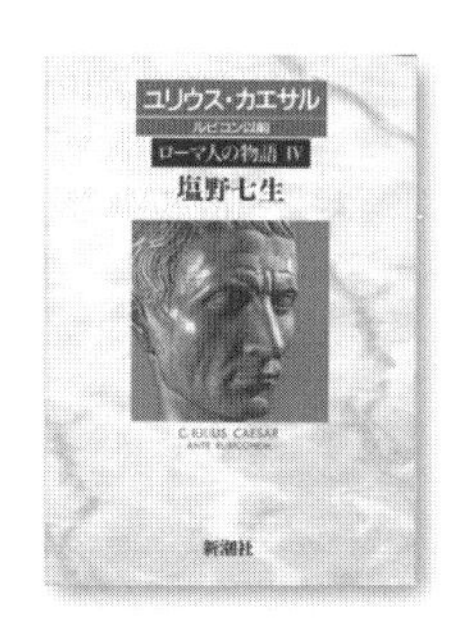

共和政に幕を引き，世界帝国への道筋を引いた「ユリウス・カエサル」に着目した物語。古代から現代までの，歴史家をはじめとする数多の人々を魅了し続けた英雄カエサルの「諸言行」を丹念に追い，その生涯の全貌を鮮やかに描き出した，シリーズの頂点をなす一作です。特段世界史を学んでいなくても読みやすいと思います。これからの人生を歩んでいくうえで，何かしら生きるヒントが得られるのではないでしょうか。

『ハワイの歴史と文化 ——悲劇と誇りのモザイクの中で』

矢口祐人著，中公新書，2002 年

皆さんは，大学生活を始めると同時に，選挙権の資格も獲得しています。つまり，これからは社会にも一層関心を持つことが期待されています。たとえば，今，日本が直面している「人口減少」の問題を，過去に同じ状況にあったハワイの歴史にさかのぼり，「移民」や「異文化」をキーワードにして考えてみると，将来の日本の姿が浮かび上がってくるのではないでしょうか。

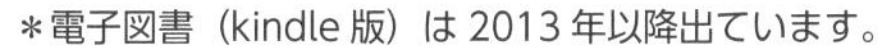
＊電子図書（kindle 版）は 2013 年以降出ています。

●社会科学

『世界最高の話し方――1000 人以上の社長・企業幹部の話し方を変えた！「伝説の家庭教師」が教える門外不出の 50 のルール』

岡本純子著，東洋経済新報社，2020 年

1000 人以上の社長・企業幹部の話し方を変えた「伝説の家庭教師」が話し方についてまとめた本です。言いたいことを一言でまとめる癖をつける，3 つの話し方でだらだらしゃべりに終止符を打つ。話し方の超基本，結論⇒中身⇒結論の「ハンバーガー話法の秘訣」など，プレゼンや面接試験などでも役立つ一冊です。また本書は会話だけでなく，目線，声，しぐさなど非言語にも触れています。コミュニケーションに苦手意識がある方にもおすすめです。

『ぼくはイエローでホワイトで、ちょっとブルー』

ブレイディみかこ著，新潮文庫，2021 年

イギリス在住の日本人著者が多様性を描くノンフィクション。イギリス貧困層の学校に通う子どもの目を通して，イギリス社会の格差と多様性が見えてきます。大人の凝り固まった価値観を，子どもの目線では一気に飛び越えてくることにハッとさせられます。融通のきかない頑固な大人になる前に，ぜひ読んでほしい一冊です。

●自然科学

『ロウソクの科学』

ファラデー著，竹内敬人訳，岩波文庫，2010 年

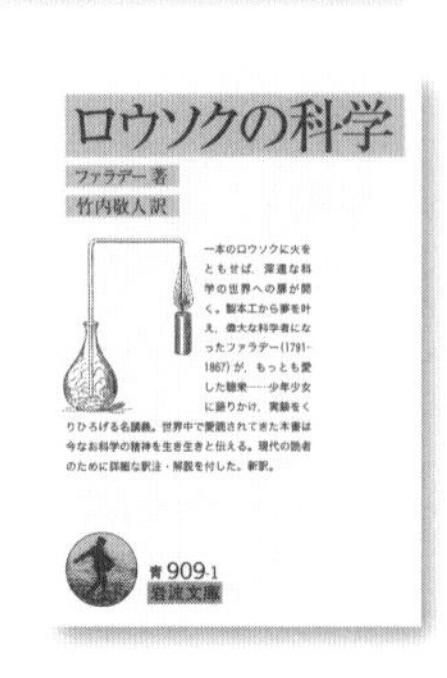

『一本のロウソクに火をともせば，深遠な科学の世界への扉が開く。…』（岩波文庫表紙より）。科学マインドの原点たる“なぜ？”に留まらず，日常生活における“なぜ？”の心も揺り動かしましょう。「気づき」「好奇心」「観察力」「洞察力」……，ぜひ，自分で考える力，見抜く力をつけていってほしいと思います。

『スマホ脳』

アンデシュ・ハンセン著，久山葉子訳，新潮新書，2020 年

大学生になると，今まで以上に「スマホ」の利用が増えていくでしょう。「スマホ」は，もはや情報収集，コミュニケーションのツールとしてだけでなく，生活における多くの機能を担っています。しかし，思っていたよりも長時間，「スマホ」の画面を見ていたことに気がついてギョッとした経験はないでしょうか。あるいは，学習や課題に「集中」しなければならない場面で，ついついスマホが気になってしまい「集中できない」ことはありませんか。この 10 年で登場し，あっという間に我々の生活を大きく変えた「スマホ」ですが，その長期的な使用によって起こる人々への影響はいまだ誰にもわかりません。スマホに代表されるデジタル社会において，我々はどのように生活していくのか，考えるきっかけとなる良書です。

●技術・工学

『事故がなくならない理由——安全対策の落とし穴』

芳賀繁著，PHP 新書，2012 年

本学に入学して技術で社会に貢献することを志す皆さんの中には，「安全」を高めることを大事な目標のひとつにする人も多いでしょう。しかし，「安全対策」をしても，期待したほどには事故もその被害も減らない場合があるのをご存じでしょうか。ではどうすればよいか，本書を手に取って考えてみてはいかがでしょうか。

＊現在は電子版でのみ販売されています。

●産業

『世界「失敗」製品図鑑
――「攻めた失敗」20 例でわかる成功への近道』

荒木博行著，日経 BP，2021 年

大学生活が始まり，さまざまなことに挑戦する機会があると思いますが，思うようにうまくいかず，挫折を味わったり，失敗を繰り返したりして，自信をなくすこともあるでしょう。

しかしながら本書を読むと，誰もが知るあの大企業も，多くの挫折や失敗を経験してきたことがわかります。重要なのはそこからどのように新たな価値を生み出すかということです。そんな失敗にまつわる多くの事例に触れ，新たに物事に取り組む際の参考にしてみてはいかがでしょうか。

●言語

『新版 日本語の作文技術』

本多勝一著，朝日新聞出版，2015 年

SNS のチャットや DM での短文に慣れた我々にすると，入学後のレポート作成など文章を書く場合，文を長く書こうとして複雑となってしまうことがよくあります。本書では，複雑になりがちな文章を，わかりやすくするコツが事例として解説されています。大学生から社会人まで文章作成するときの傍らに置いておける本です。

●文学

『生きるぼくら』

原田マハ著，徳間文庫，2015 年

あなたが学生時代に学ぶ知識は，社会にでたとき大きな財産になるでしょう。一方，さまざまな人との出会いや旅，読書などから学ぶ“人としての生き方”は学校の科目にはなく自ら学んでいかなければなりません。本書は，生き方を見失った主人公が多くの人に支えられ再び成長していく物語。自分の生き方を考えるきっかけにしてほしいと思います。

『レ・ミゼラブル（1 ～ 5）』

ユゴー著，佐藤朔訳，新潮文庫，1967 年

一切れのパンを盗んで投獄されたジャン・バルジャンは，出獄後に教会で銀の燭台を盗み捕まります。しかし慈悲深い老司教は自分が与えたと証言。心打たれたバルジャンは不幸な人を救うことを志しますが，過去を知った警部が執拗に追跡します。19 世紀フランスを舞台に愛や正義，勇気を描きます。長編ですのでコンパクト訳や映画，舞台もおすすめです。

『無人島に生きる十六人』

須川邦彦著，新潮文庫，2003 年

明治 31 年，帆船の龍睡丸は太平洋の資源開拓に動員されミッドウェー近海で座礁。ボートで脱出し無人島に漂着しますが，水も食料も木もありませんでした。しかし 16 人の乗組員は船長のもとで希望を捨てず，知恵と工夫とチームワークで生き延びます。素朴な文章ですが，16 人の生き方や姿勢に背筋が伸びる思いがします。著者が直接聞いた実話です。

『運転者
――未来を変える過去からの使者』

喜多川泰著，ディスカヴァー・トゥエンティワン，2019 年

「自分はなんて報われなくて，他人は幸せそうなんだ」と思ったこと，ありませんか？

自己中心的で不機嫌な人に運は向かない。不運があっても必要な経験と思うこと。報われない努力はない。運は「貯め」たら「使う」ことができるものと考える。主人公の前に現れた不思議なタクシーの“運”“転”“手”が少しずつ主人公を導く物語です。

『この世をば（上・下）』
永井路子著，ゴマブックス，2014年

大学生になるとリアルの人間関係が複雑になります。人は何に不満を感じて何を恨みに思い，何を喜び何をねたむのだろうか。そして，それを社会関係の中でどうやって表現するのか。知っているのと知らぬのではコミュ力が段違いです。

本書は藤原道長の人生を描きながら，今も変わらぬ大人社会の駆け引きを見せてくれます。「もってる」奴が無自覚に恨みをかい，落ち目の奴はみっともなく足掻く。そして道長はうまくやりきる。

「あぁ，こういうやり方があるのか」とイケズのヤイバを研ぐのも良し，力の使い方を歴史に学ぶも良しです。

『砂漠』
伊坂幸太郎著，新潮文庫，2010年

入学した大学で出会った男女５人が，さまざまな出来事や事件をともに経験して成長するストーリー。

読了後には，貴重な大学生活をどのような仲間とどのように過ごすか，考えたくなるような一冊です。

『正欲』
朝井リョウ著，新潮社，2021年

多様性やジェンダー教育などを訴える現代社会で，自分の想像をはるかに超える「多様性」をどう捉えるか。理解できないものは排除していいのか。真の多様性とは何であるのか考えさせられる一冊です。テーマは重いですが登場人物は大学生が多く，著者独特の文章は軽やかで一気に読めます。

【執筆者紹介】（執筆順）

射場本 忠彦（いばもと・ただひこ）
東京電機大学 学長
執筆担当：はじめに

五十嵐 洋（いがらし・ひろし）
東京電機大学工学部電子システム工学科 教授
執筆担当：第1章

教育改善推進室
執筆担当：第2章

学生支援センター
執筆担当：第3章

総合メディアセンター
執筆担当：第4章1

国際センター
執筆担当：第4章2

ものづくりセンター
執筆担当：第4章3

東京千住キャンパス事務部・理工学部事務部
執筆担当：第4章4，5

鈴木 邦夫（すずき・くにお）
東京電機大学未来科学部人間科学系列 特定教授
執筆担当：第5章

寿楽 浩太（じゅらく・こうた）
東京電機大学工学部人間科学系列 教授
執筆担当：第5章

石塚 昌昭（いしづか・まさあき）
学校法人東京電機大学 理事長
執筆担当：おわりに

大学生活を始めるときに読む本 2024 **東京電機大学 新入生ガイドブック**

2024年 3月10日　第1版1刷発行　　ISBN 978-4-501-63500-8 C3050

編　者　東京電機大学

発行所　学校法人 東京電機大学　〒120-8551　東京都足立区千住旭町5番
東京電機大学出版局　Tel. 03-5284-5386(営業)　03-5284-5385(編集)
Fax. 03-5284-5387　振替口座 00160-5-71715
https://www.tdupress.jp/

組版：(有)ブルーインク　　印刷・製本：三美印刷(株)
装丁：福田和雄（FUKUDA DESIGN）　イラストレーション：かんばこうじ
落丁・乱丁本はお取り替えいたします。　Printed in Japan